Mr.Know All **浩瀚宇宙**

小书虫读科学

天上真的有星座吗

《指尖上的探索》编委会 组织编写

作家出版社

策划出品 悦读名品　图片服务 悦读名品 123RF　

　　浩瀚的夜空，谜一样的星座。星座是指一群在天球上投影的位置相近的恒星的组合。星座在很久以前就被当作识别方向的重要标志。本书针对青少年读者设计，图文并茂地介绍了了解星空、现代八十八星座、变化莫测的浩瀚星空、探秘黄道十三星座四部分内容。天上真的有星座吗？阅读本书，读者或将自己探索到答案。

图书在版编目（CIP）数据

天上真的有星座吗/《指尖上的探索》编委会编. --
北京：作家出版社，2015.11（2022.5重印）
　（小书虫读科学）
　ISBN 978-7-5063-8469-8

Ⅰ.①天… Ⅱ.①指… Ⅲ、①星座—青少年读物
Ⅳ.①P151-49

中国版本图书馆CIP数据核字（2015）第278390号

天上真的有星座吗

作　　者　《指尖上的探索》编委会
责任编辑　杨兵兵
装帧设计　高高 BOOKS
出版发行　作家出版社有限公司
社　　址　北京农展馆南里10号　　邮　编　100125
电话传真　86-10-65067186（发行中心及邮购部）
　　　　　86-10-65004079（总编室）
E-mail:zuojia@zuojia.net.cn
http://www.zuojiachubanshe.com
印　　刷　北京盛通印刷股份有限公司
成品尺寸　163×210
字　　数　170千
印　　张　10.5
版　　次　2016年1月第1版
印　　次　2022年5月第2次印刷
ISBN 978-7-5063-8469-8
定　　价　33.00元

目录 Contents

第三章　变化莫测的浩瀚星空

第四章　探秘黄道十三星座

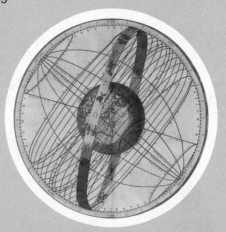

很久以前，人类的祖先就注意到，一到夜晚天空中就会出现许多闪烁的星星，将夜空装点得璀璨夺目。人们逐渐开始学会观察星星。后来，人们发现星星的位置和排列是有规律的，而且星星的位置能够帮助人们指引方向。于是，各个不同的人类文明纷纷按照自己的方式给星星分组，还用自己熟悉的动物和神话故事中的人物给它们命名。于是在人们的眼中，天空中就出现了各种美丽的图形，神秘的夜空也成了上演神话故事的剧场。这些星星的分组就是现代天文学中星座的雏形。

第一章

了解星空

1.什么是星座

在晴朗的夜晚仰望天空，能够看到满天的繁星，幸运的话还能看到银河。人类很早就学会了观察星空，把星星用看不见的线连起来，想象成各种图案，编制成各种神话传说。这些图案就被称为星座。所以，星座最初是属于占星术的内容，是迷信的组成部分。后来，天文学发展起来，为了便于研究，需要给星星分组，而每个星座其实就是人们对星星最初的、自然的分组，于是科学家们也采用了星座的称呼和分组的方式。

天文学家们把那些"不动"的星星叫作恒星。宇宙中的每一颗恒星相对于地球的距离都是不一样的。为了便于确定星星在天空中的位置，科学家把地球想象成球心，把整个外太空虚拟成一个大圆球，然后给这个大圆球取了个非常好听的名字——"天球"。于是，不管恒星离地球有多远，每一颗恒星都会在天球上有一个亮晶晶的影子。这样众多恒星就像位于同一个球面上一样。而当我们用线条把一些挨得比较近的恒星的影子连接起来的时候，天空中就出现了许多美丽的图形，就和我们在美术课堂上画过的那些连线图画一样。这些恒星投影连接形成的图形就是星座。

晚上，我们抬头望向天空，想象拿着笔把看到的星星一个个地连起来，画着画着也许你就能有新的发现哦。

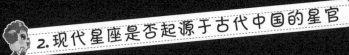
中国作为唯一没有断灭在历史长河中的文明古国，有着深厚的历史积淀，那么星座真的起源于这片神州大地吗？我们的祖先就是这神奇的现代星座最初的发明者吗？

在中国古代，人们为了认识星辰和观测天象，把观测到的恒星分组，每组命名一个名称。这样的恒星组合被称为星官。这和现在说的星座似乎有些类似呢。而这些星官中，最重要的就要算二十八宿了。二十八宿非常详细地把天上的星座分成了二十八组。古人利用动物和神话传说分别对二十八宿进行了命名，同时也根据方位将它们划分为了四个区域，被称为"四象"。

四象分布于黄道和白道（月亮运行的轨迹在天球的投影）近旁，环天一周。它们是：东方苍龙之象，含角、亢、氐、房、心、尾、箕七宿；南方朱雀之象，含井、鬼、柳、星、张、翼、轸七宿；西方白虎之象，含奎、娄、胃、昴、毕、觜、参七宿；北方玄武之象，含斗、牛、女、虚、危、室、壁七宿。古代的人们在一年之中最看重的时间点有 4 个：春分、夏至、秋分、冬至。这四个象就曾在历史上的某一些时期，充当过这四个时间点的标准星象。1978 年，中国考古学家在战国时期的古墓中发现了一个衣箱，在这个衣箱上绘制着一幅星图，这是我国和世界上现存最早的具有二十八宿名称的星图。

但是，人们现在所说的星座并不是指这二十八宿。天蝎、室女、宝瓶等，可不是这带有远古霸气的玄武、朱雀。要知道中国古代划分星空的方法独树一帜，有着自己独特的风格和文化内涵，与现在人们所说的星座的概念是有明显区别的。

现代意义上的星座虽然和中国古代的星象学有一定的联系，但明显不是同出一宗。现代星座源自西方文明，猜一猜，是哪个文明呢？

3.三垣是什么意思

现代天文学由西方传入中国，占星术也随着西方文化的传播被中国人所接受，大家反而对中国古代天文学知识所知甚少。三垣就是中国古代天文学的精华之一。

中国古代对星空的划分方法就是星官体系，而三垣就是非常重要的三个星官分区。它所指的就是环绕北极天空所分成的三个区域，分别是上垣太微垣、中垣紫微垣和下垣天市垣。这三垣每一个都是一个比较大的天区。那这三个天区到底指的是哪一片天空呢？

现在的科学家们经过对比发现：紫微垣实际上代表的就是北极附近的天区，同我们现在分出来的拱极星区大体在一个方位。所以人们熟知的小熊、大熊等星座都包含在紫微垣中。上垣太微垣就位于紫微垣的东北方，这个星区包括室女和狮子等著名星座的一部分。下垣天市垣在紫微垣的东南方向，包括黄道十三星座之一的蛇夫座和武仙、巨蛇、天鹰等星座的一部分。

与西方人用神话中的人物给星座命名一样，中国古人也用自己熟悉的事物给星官命名。紫微垣又称中宫或紫微宫，即皇宫的意思，其中的星星多以中国古代官员的职位名称命名，例如上宰、少弼等。太微是政府的意思，太微垣中的星星也多以古代官员的职位名称命名，例如左执法、西上将，也有一些以官员办公场所的名字来命名。天市就是天上的集贸市场，所以天市垣中的星星常常用货物、度量工具等物品的名字来命名，比如斛和斗。

4.现代星座起源于古代西方吗

在许许多多关于星座的起源地的传说中，最令人信服的，就要算西方起源论了。古巴比伦文明虽然早就消失了，梦幻的空中花园也随之流逝在了历史的长河中，但谁都不能否认古巴比伦人曾经拥有的超凡智慧。为了更好地掌握季节变化，以配合畜牧和农业耕种，古巴比伦人注意到天上星星的排列会随着季节的变化而发生规律性的转变。于是他们将天空分为许多区域，并命名为"星座"。

到公元前 1000 年，已经有 30 个星座为人们所认识。并且随着历史的推进，古巴比伦文化传到古希腊。古希腊天文学家认可古巴比伦的星座，并进行了补充，使其体系更完善，编制出了完整的古希腊星座表。到了公元 2 世纪，一位伟大的古希腊天文学家——托勒密综合了当时的天文成就，编制出了 48 个星座，用假想的线条将星座内的主要亮星连接起来，根据线与星连接而成的形状，想象并设计了有趣的形象，既有动物形象，也有人物形象，同时还结合了大量古希腊神话故事来给它们起适当的名字。这些美丽而充满神话色彩的星座名称在人类漫长的历史进程中一直被使用着。直至 1922 年，国际天文学大会在托勒密星座的基础上把天空分为 88 个正式的星座，从此统一了世界天文学界对星座的定义。

根据这个说法，现代星座正是起源于古巴比伦国；托勒密编制并命名了 48 个星座并成为现代星座的原型；直至 1922 年最终确定了 88 个正式的星座。

5.为什么说托勒密既是天文学家，又是占星家

托勒密的全名是克罗狄斯·托勒密，是天文学家、地理学家、占星家和光学家。

公元 1 世纪，托勒密出生在罗马帝国统治下的埃及。他的父母都是希腊人，他的著作也都是由希腊文写成的。由于托勒密所处的时代，是古希腊文明扩散和延续的时期，所以他也是归属于古希腊文明的学者。

托勒密在著名的亚历山大城待了很长时间，在那里学习科学知识，进行科学研究。通过学习和研究，托勒密掌握了大量科学知识，写出了许多科学著作。《天文学大成》就是他最为重要的著作之一，是唯一保存至今的全面论述古代天文学的著作。含有 48 个星座的星表就来自这部著作。不过，这部著作中的许多内容，并不是托勒密原创的，而是古希腊天文学家喜帕恰斯的研究成果。

在科学发展的初期，科学和迷信间的界线并不是很清楚，常常是混杂在一起的。由于在观测时没有精良的仪器，计算时也没有精妙的数学工具，古人对星星的认识常常是观察结果和迷信、传说的结合。在这一背景下，占星术也就应运而生了。占星术，又称星象学，是用天体的相对位置和相对运动（尤其是太阳系内的行星的位置）来解释或预言人的命运和行为的系统，是古代人类在没有掌握足够的科学知识的情况下，对自然和人类的解释。在古代，观测星空所得到的数据，不仅作为科学知识被记录下来，也成了占星家们占卜的依据。研究星星的天文学家，常常也是占星家。托勒密就是其中的一员。

所以，托勒密既是天文学家，又是占星家。

6.星星的亮度有等级之分吗

晴朗的夜晚，点点繁星，有明有暗。为了清楚地反映出恒星的亮度，天文学家以恒星的明亮程度为依据对星星进行等级评比，称为"视星等"。就像是学校里根据每个人的年龄段和知识构成程度将年级划分为一年级、二年级和三年级等一样。

在整个天空中，人的肉眼能看到的恒星有 6000 多颗，天文学家们把这些星星分为 6 等。人眼刚好能看到的为六等星，比六等星亮一些的为五等星，依次类推，我们说的亮星就是一等星，更亮的就是零等星以至负数的视星等值。也就是说，视星等的数值越小，星星就越亮；视星等的数值越大，星星就越暗。

我们每天都能看见太阳，太阳真的太亮了，所以它的视星等是 - 26.75，当我们看到月亮是一个大圆盘也就是满月的时候，它的视星等是 -12.6。不知道你发现没有，在夜空中，有一颗星星是非常亮的，它就是金星，当它最亮的时候，它的视星等是 - 4.4。而我们平时看见的全天最亮的恒星天狼星的视星等是 - 1.45，老人星为 - 0.73，织女星为 0.04，牛郎星为 0.77。

每个人都知道，一支蜡烛在你身边的时候，它的亮度可以让你看清眼前的东西，但当它离我们超过 10 米远的时候，我们可能连它本身都看不到了。同样，一颗恒星本身再亮，如果离地球太远人们依旧无法看到，这就说明恒星的亮度不仅受它本身发光程度的影响，还受它与地球间距离的影响。如果把太阳放在比现在远 206 万倍的地方，它的视星等值也只有 4.75，在人们的眼中就是一颗很暗的星了。所以视星等的划分是一个相对亮度的划分，并不能说明这颗恒星本身真正的亮度。整个宇宙中实际亮度比太阳大的恒星还有很多呢。

这就是星星亮度的等级之分。

7.恒星都有自己的名字吗

国际天文学联合会（IAU）是国际上认可唯一能为恒星和各类天体分配与指定名称的机构。在IAU成立之前，许多恒星已经有了自己的名字，但是多数的恒星在被提到时还是没有名字，只能用星表中的编号来称呼。

在西方，大多数肉眼可见明亮的恒星都有传统的名称，有许多都源自阿拉伯语，但也有少数源自拉丁文的。但是一直流传下来的只是几颗特别亮的恒星的名字，其余明亮的星主要采用拜耳命名法的名称。

拜耳命名法，又称巴耶命名法，是德国天文学家约翰·拜耳（Johann Bayer）在17世纪初创立的。根据这种命名法的规则，一颗恒星的名字由两部分组成：一部分是恒星所处的星座，另一部分是一个希腊字母。例如猎户座 α、狮子座 β、天蝎座 γ。原则上一个星座之中最亮的那一颗星就会被称为 α，第二亮的就会是 β，接着就是 γ、δ……按希腊字母表的顺序命名，以此类推。但是由于17世纪初的观测条件很有限，精度不够，不能准确确定恒星的亮度，所以实际上在很多星座中，α 星未必就是最亮的那一颗星。不仅亮度次序倒转时有发生，甚至有些星所处的星座跟其名字所显示的并不符合。虽然如此，这些名字还有一定用处，所以至今它们仍被广泛使用。有些星共同拥有一个拜耳名称，如一些双星、聚星，这时就会在名称中的字母右上方加上一个数字去分辨它们，比如白羊座 $γ^1$ 和白羊座 $γ^2$。

在中国，许多著名的亮星早已被人们所熟悉，它们有自己独特的中文名称。例如织女星、牛郎星，它们的名字就来自牛郎织女的传说。天蝎座 α，又称心宿二，它还有一个名字叫作"大火星"。这一传神的名称来自《诗经》中的诗句"七月流火，九月授衣"，就是指农历七月黄昏看见大火星，天气就要转凉了。还有一些恒星是根据中国星官命名的。例如根据四象二十八宿命名的参宿四、毕宿五等；根据三垣命名的五帝座一、天枢等。今天，这些名称在天文学界依然在使用。

8.什么是梅西耶天体

你知道吗，星座中不仅有星星，还有梅西耶天体。梅西耶天体包括星云、星团和星系。星云是由星际空间的气体和尘埃结合成的云雾状天体。星团是指恒星数目超过10颗以上，并且相互之间存在物理联系（引力作用）的星群。星团可以分为两种类型：一种是球状星团，是由成千上万颗老年恒星组成的，它们被万有引力紧密束缚在一起；另一种是疏散星团，一般只有数百颗恒星，通常由较年轻的恒星组成，结构较为松散。星系则是包含恒星、行星、宇宙尘埃、气体、星团、星云、暗物质等，并且受到引力束缚的运行系统。

为什么把这些不同种类的天体都称为梅西耶天体呢？这里还有一个有趣的故事。18世纪时，法国有个天文学家，名为查尔斯·梅西耶。在18世纪的西方，发现彗星能让一个人在天文界出名，而梅西耶就是"彗星搜索者"之一。在观测的时候，他发现天空中有许多看上去模糊一团的天体，它们形似彗星，但不是彗星，很容易与彗星混淆。为了方便寻找彗星，梅西耶和他的助手把这些天体记录下来，编制成一个星表。令他沮丧的是，他一直没有找到新的彗星，星表中记录的天体却是越来越多。后来，他把这个星表发表在科学期刊上，公之于众。因为里面包含了很多星云和星团，所以他干脆将该星表称为《星云星团表》。这些看上去类似彗星的天体，就被人们称为梅西耶天体。

后来，不断有天文学家把新发现的梅西耶天体加入到这个表中。现在，这个星表已经成为非常重要的天文学文献。在许多星座中都有标志性的梅西耶天体，想要与梅西耶天体"面对面"吗？让我们一起拿出天文望远镜吧！

在科技不够发达的年代里，航海家们在无边无际的大海中航行，没有路标，也没有导航仪，他们靠什么才能指引方向呢？旅行家们行走在没有人烟的荒野中时，怎样才能尽快找到正确的道路呢？

答案就在我们的头顶之上，那满天的繁星、美丽的图案是舵手最好的方向标，是旅行家永远摔不坏的"指南针"。

对于处于北半球的人们来说，北极星就是在浩瀚星空中确定方向最重要的依据。北极星的拜耳名称是"小熊座 α"，中国古代称之为"勾陈一"。它正好在小熊座的尾巴尖上，是小熊座中最亮的星。但实际上有时北极星并不十分明亮，不是一眼就能看到的。聪慧的中国人就使用北斗七星来寻找北极星。像勺子一样的北斗七星高高地悬挂在天空之中，而北斗七星的勺把就是大熊座的尾巴。试着把北斗的勺沿的两颗星天璇、天枢用线连起来，并向天枢方向延长 5 倍（见图），视线落下的位置就是北极星的位置。因为最靠近北天极，所以北极星所在的方向就是北方。

在不同的季节，人们还可以通过一些星座相互间的相对位置来判别方向。例如每年 1 月底至 2 月初晚上 8 点多的时候，猎户座的"腰带"（连成一线的三颗星）正高挂在南边的天空上，标示着正南方向。黄道星座的排列严格按照了由西往东的顺序，无论在哪个季节人们都能按照星座的相对位置来对方向进行一个大致的判断。

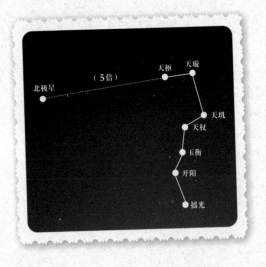

看着满天星斗，你是不是会觉得很迷茫？怎样才能在最短的时间内准确地找到你想要的星座呢？除了应当具备理论知识外，一些简单的小工具将会是帮助你的有力武器。

第一个，就是星图，在一些专门的商店里可以买到。如果是全空星图的话，上面就会标识所有的星座。基本上每个星座中主要的亮星在星图中都会被线条连接起来。每一份星图都会附有一份详细的使用说明书，这份说明书对你正确使用星图可是有很大帮助的，一定要仔细阅读。

只要在繁星点点的夜空中，找到了一颗恒星或者一个星座，你就可以依靠星图找到天空中的其他星座。相比于天空这幅虚拟的画卷，星图可是一幅真实的画卷呢。

使用星图就必须要分清楚东南西北，在你不辨南北，又无法确定北极星的位置时，一个简单的指南针就可以是你很好的帮手。方向的问题就交给指南针，接下来就是考验你使用星图的熟练程度了。

只是，现在的大城市大多是不夜城，光污染严重，凭肉眼只能看到几颗比较亮的星星，暗一些的看不到了，更不用提辨识星座了。这个时候，一架小型的家庭天文望远镜会是你最强大的帮手。甚至一些肉眼看不到的深空天体和星云你都可以通过望远镜观察到。

光污染、大气污染，这些日益严重的环境问题使星空变得越来越模糊，这也同时加大了人们观测的难度。在离城市比较远的郊区或山上，会有较好的观测效果。

星图是将星星在天球上的投影绘制在平面上而制成的图，用来表示它们的位置、亮度和形态，是天文观测的基本工具之一。现代的星图对夜空中的恒星、星座、银河、星团、星系等持久特征，进行了十分精确的绘制，所以星图也可以说是"星星的地图"。

古时的星图最初只以小圆圈或同样大小的圆点附以连线表示星官与星座，如敦煌星图，后期才陆续加上标示黄道、银道等的参考线。公元940年前后绘制在绢上的敦煌星图，是世界上现存最古老的星图。为了精确标定恒星与各类天体的位置，在现今的较专业的星图上，一定标有赤经线、赤纬线（天球上的坐标线）和黄道等。而星点则以黑点的大小代表星星的亮度（并附有星点亮度示意），亮度越大，星点越大。星点旁标示其西方星名与星座界线，在星点之间还标有星座连线。星云与星团以轮廓界线或图例标示，银河则以虚线或淡白色（淡灰色）勾画出来。

按照星图的绘制方式，可以把星图分为四种：四季星图、每月星图、活动星图及全天星图。四季星图是将春夏秋冬四个季节的星空分别绘制在四张图上。每月星图就是把每个月的星空分别绘制成星图。活动星图，又称旋转星图，由上下两个圆盘组成，有刻度，可以通过旋转，使得它表面显露出来的部分与当时可以看见的星空相同，使用起来十分方便。全天星图则是将整个星空全部分区分片后，详细绘制出来的星图。

与看地图一样，看星图时首先要明白星图的方位。星图中的方位是：上北下南，左东右西。你发现了吗，星图中的东、西方向跟地图是正好相

反的。这是因为人类观察星空时都是仰起头来观察的。你可以自己站在星空下试试：面朝南方站好，仰起头看天空中的星星，此时你的头顶正冲着北方，下巴指向南方，左手冲着东方，右手朝着西方。星图就是按照这个观察方法画出来的，所以是上北下南，左东右西。

从人类文明对星星进行分组开始，人们对天空中的星星就产生了无限的想象，进行了无数的探索。在科学尚不发达的古代，星座主要用于占星术，用来预测事情发展的走向和凶吉。人们给星座赋予了许多神秘的象征意义。而在航海界，星座又有其科学的用途——用来帮助人们辨认方向。一直到了近代，星座成了标识星星位置的坐标。在历史的长河中，星座经历了种种变化，一些古星座由于重新划分而消失了，南半球的航海活动补充了新的星座……最终，经过天文学家们的协商和努力，终于统一了世界天文学界对星座的划分，确定了现代天文学的88个星座。

第二章

现代八十八星座

从古巴比伦的先民们创立星座，随着西方世界（指古代欧洲及非洲北部）人类文明的不断发展，不断有新的星座被发现、被命名，到了古希腊文化的末期，人们已经确立了数十个星座，并且积累了相当丰富的天文学知识。

公元 2 世纪，托勒密汇总了当时各文明积累的天文学知识，根据古希腊天文学家喜帕恰斯所著的星表，编制出了详细的 48 星座，至此北天星座的名称大体得到了确定。现在通行的 88 个星座中就有 50 个由托勒密星座演化而来。是不是很奇怪为什么有 50 个，托勒密星座不是只有 48 个吗？那是因为托勒密星座中的南船座被拆开成了三个独立的星座，分别是船底座、船尾座及船帆座。

随着科技的进步，到了 15 ~ 17 世纪，大航海时代汹涌而来。船只航行在南半球大海上，水手们发现天空上有许多托勒密星座中没有的星星，托勒密星座不够用了。这让依靠星座辨别方位的航海家们苦恼不已。原来，古巴比伦、古希腊等文明都在北半球，那里的人们观测不到那些只能在南半球见到的星星。终于在 1603 年，德国天文学家约翰·拜耳增添了 12 个南天星座，为航海家们辨别方向提供了一些帮助。随后到了 1690 年，又有 7 个南天星座被波兰天文学家约翰·赫维留发现。到 1763 年，尼古拉斯·拉卡伊又找到了 14 个星座。其后不断有人发现和添加新的星座，最多时达到 100 多个。

1922 年，国际天文学大会最终确定将全天划分为 88 个星座。到了 1930 年，国际天文学联合会正式定义了这些星座的边界。从此以后，除了太阳之外的所有恒星、星云和星系都精确地属于某一个特定的星座，它们都有了属于自己的家。

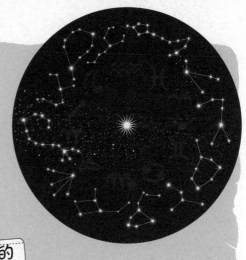

13. 现代星座是怎样划分的

现代星座在1922年被国际天文学大会划分为国际通用的全天88个星座，满天的星斗终于有了自己统一的归属。可是88个星座这么多，要怎样才能更好地记住呢？

科学家知道我们该伤脑筋了，早就帮我们划分好了呢。

天球是以地球为球心假想的一个球面，所以地球上的每一个区域在天球上都会有相对应的位置。也就是说地球以赤道为界分为南半球和北半球，天球上也相应地以天赤道为界划分成了两个星空。地球上的北极在天球上对应的位置被称为北天极，与南极对应的位置称为南天极。就连地球上的纬度在天球上也是存在的呢，天球在构造上其实就是一个放大版的地球。

科学家们就根据星座在天球上的不同位置和恒星出没的一些情况，把这88个星座划分成了5个大的区域，分别是北天拱极星座、北天星座、黄道十三星座、赤道带星座和南天星座。其中我们所说的南天和北天就是以天赤道为界的南北两个天空。这就是说，生活在北半球的我们可以看见全部的北天星座，但却不能看见全部的南天星座，一些南天星座永远都在地平线以下，无法和我们相见。这就是有些天文学家为了观测所有的星座不得不南北两个半球来回跑的原因了。

14. 什么是黄道星座

"**黄**道"是什么意思？

地球时刻都在绕着太阳公转，一年转完一整圈。从地球上看太阳，会观察到太阳在天球上、在众多星星之间缓慢地移动着自己的位置，方向和地球公转的方向一样，也是自西向东，一年才能转完一整圈，这就叫作太阳的周年视运动。太阳的周年视运动在天球上走过的那条细细的路，就是黄道。黄道是天球上假设的一个大圆圈，是地球轨道在天球上的投影。

而黄道星座，也就是黄道经过的星座。早在几千年前，聪明的古巴比伦人就发现，这条黄道带上的星座有着和地球公转一样的运动周期，会随着季节进行规律性的移动。于是黄道星座顺理成章地成了告知人们季节的工具，如果你熟知星座运动规律，只要抬头仰望星空，就可以粗略地知道今天是什么日子。这些星座也因此成了人们最熟知的星座，成了悬挂在天空中永不陨落的日历。

在几千年前，现代天文学还没有建立，星星和星座是用来占卜的。钻研占星术的巫师们为了与一年的十二月相吻合，只规定了 12 个黄道星座。黄道实际上经过了 88 个星座中的 13 个，除了民众所知道的十二星座之外还包括蛇夫座的一小部分。然而由于占星术、星座预测等迷信的东西永远比科学知识传播得快很多，大家对十二星座的认识非常的根深蒂固。蛇夫座虽然本来就是黄道星座，但一直不太被公众所知道和认可。

由此可见，规范人们对黄道星座的认识，传播正确的科学知识，这项任务依旧任重而道远。

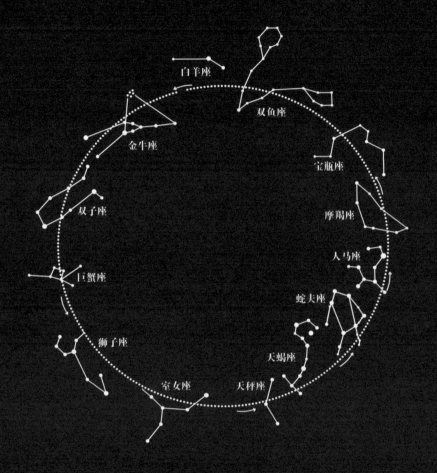

白羊座
双鱼座
宝瓶座
摩羯座
人马座
蛇夫座
天蝎座
天秤座
室女座
狮子座
巨蟹座
双子座
金牛座

19

白羊座

金牛座

双子座

15. 黄道星座有哪些

黄道星座有13个，它们具体是哪些星座呢？

被占星术采用的黄道十二星座分别是白羊座、金牛座、双子座、巨蟹座、狮子座、室女座、天秤座、天蝎座、人马座、摩羯座、宝瓶座、双鱼座。这样的排列是依照太阳经过这些星座的顺序来进行的。而十二星座中，面积最大的就要数室女座了，它占了天球总面积的1/32那么多，真是个大胖子呢。天球上总共有88个星座，这剩下的87个星座该有多拥挤啊！

另外黄道上还有一个不太被人们所熟悉的蛇夫座。虽然有很多人并不知道这个漏掉了的黄道星座，但早在1922年，国际天文学大会就已经给蛇夫座正名了。它的位置就排在天蝎座和人马座之间，而且原本应该属于天蝎座节气的大雪，实际上是在蛇夫座上，也就是说当日历上显示今天是大雪这个节气的时候，太阳正在蛇夫座的家里做客呢。现在，春分点已经从双鱼座与白羊座的交界处，移到了双鱼座当中，所以双鱼座应调整为第一个星座。

当然，你也要知道，黄道星座并不能代表人的性格，也不能预测人的命运。所谓的占星学根本就不是科学，而是迷信的一部分，作为一名小小观星家可不能误入歧途，去相信这早已被科学家们揭露出虚假本质的占星学啊。

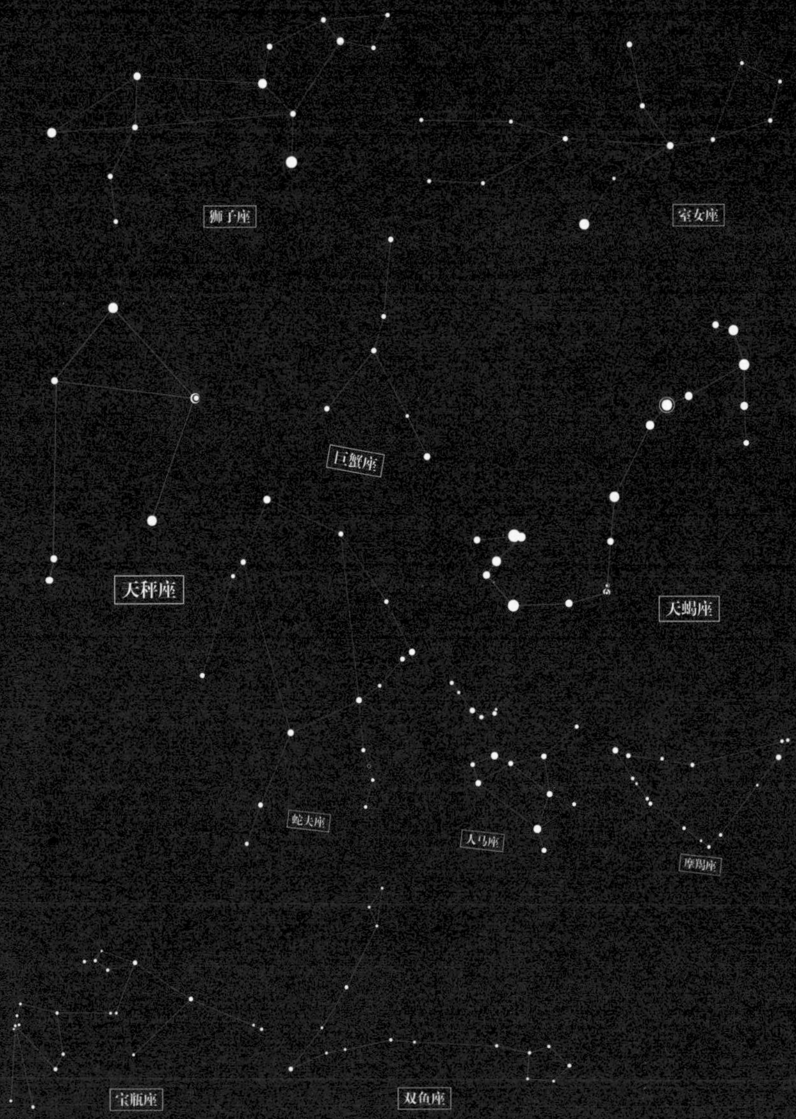

獅子座

室女座

巨蟹座

天秤座

天蝎座

蛇夫座

人马座

摩羯座

宝瓶座

双鱼座

21

关于黄道星座，千万不能搞混的两个概念就是黄道星座和黄道十二宫。黄道星座是现代天文学中对星座的一种分类，而黄道十二宫却是占星术专用的工具。

我们都知道黄道是天球上假设的一个大圆圈，是一个 360 度的大圆。而每个星座的面积都不一样，这就使得每个星座在黄道上所占的度数都是不一样的，12 个黄道星座在东西方向上并非都一样长。最长的是室女座，在黄道上占 44 度，几乎是黄道全长的 1/8，而最短的巨蟹座，只占有 20 度。这就导致太阳穿越每个星座的时间不一样，对于古人的占卜来说很不方便，于是占星家们就人为规定了黄道十二宫。

占星家把天球上 360 度的大圆平均分成十二份，称为十二宫，每一宫占 30 度，再与他们采用的 12 个黄道星座相结合，就有了黄道十二宫。

黄道十二宫是占星家用来占卜的工具，完全是迷信的东西，与现代天文学中的黄道星座是两回事。作为小小观星家的你一定要清楚地认识到两者的区别，千万不能因为它们"长得很像"就将其混为一谈哦。

17.北天星座是位于中国北方的星座吗

南、北是最简单的方位划分，也是最方便的划分方式。我们知道，天球上也有和地球上一样的南北两个半球，即南天球和北天球。对于站在地球上的我们来说，整个天球被一条天赤道一分为二，简单地划分成了南北两个星空。北天星空里的星座就被称为北天星座，南天星空中的星座就被称为南天星座。所以北天星座可并不是位于中国北方的星座，而是位于整个北半球上空的星座。

天文学家们把88个星座中的每个星座所处的方位都进行了区划。由于从古巴比伦到现代，几千年来天文学家们倾力研究的主要是北天星座，所以天文学家们对北天星座进行了更加详细的内部划分。根据1922年的划定，将5个北天拱极星座从北天星座中划出，又将位于赤道带的北天星座划入赤道带星座，所以现在我们说的北天星座在这个划分下只剩19个。但这些被划出去的星座在广义上仍旧属于北天星座。

对于生活在北半球的我们来说，能看见所有的北天星座，能看到一部分南天星座。天文学家们划分南天星座和北天星座的原因就是为了让我们能更方便地对天空中的星座进行观测，可不能闹笑话地告诉小伙伴们你在中国看见了某一个我们不能见到的南天星座哦。

天鹅座　　仙女座

天鹰座　　天琴座

18.哪些星座属于北天星座

根据国际天文学大会在1922年的决定，北天星座有19个，分别是蝎虎座、仙女座、鹿豹座、御夫座、猎犬座、狐狸座、天鹅座、小狮座、英仙座、牧夫座、武仙座、后发座、北冕座、天猫座、天琴座、海豚座、飞马座、三角座和天箭座。

其中，值得一提的是非常美丽的仙女座。不管是在中国的哪一片土地上，你都可以在落叶飘飞的秋季，仰望北方星空，看到这位仿佛在跳舞的仙女。在希腊神话中，仙女座的原身是埃塞俄比亚王后卡西奥佩娅的女儿。仙女座是秋季夜空中闪耀的王族星座之一。仙女座中最著名的莫过于大星系 M31，它距离我们大约 200 万光年，是人类肉眼可见的最远的天体。它是一个和银河系一样庞大的星系。尽管 M31 距离我们 200 万光年，但因为它的庞大，我们仍然可以用眼睛看见它。

除了仙女座，比较著名的北天星座还有在银河两岸三足鼎立的天鹰座、天琴座和天鹅座，这三个星座的三颗主星组成了著名的夏季大三角。还有拥有一颗亮度忽明忽暗、神秘莫测的魔眼之星的英仙座，更有在 88 个星座中面积排名第五的武仙座等非常有趣的星座。

有 北天星座肯定就有南天星座。天文学家把位于天赤道以南的星座叫作南天星座。根据国际上的划分，南天星座有42个。这42个南天星座中可是有很多非常有趣的名称哦。

有一种我们非常讨厌的昆虫，每天"嗡嗡嗡"地飞来飞去，是什么呢？对，就是带着很多细菌的苍蝇。但是在南天星空中，有一个星座就叫作苍蝇座。可惜这个星座在中国并不能看见，不然你就可以看看这画在天空中闪闪发亮的"苍蝇"到底像不像了。也许当苍蝇飞到了天上，变得闪闪发光，就不那么讨人厌了。

还记得托勒密星座中被拆分成三个星座的南船座吗？船底座、船尾座和船帆座可都是属于南天星座哦。也许正是因为南船座这片天空离位于北半球的托勒密太过遥远，所以托勒密才会把那一整片广阔的星空划分为一个星座。而随着科技的发展，人们把很多粗糙的事情都做得精细化了。天文学家们觉得南船座占的面积实在太大了，不便于科学研究，于是便把这一个星座一分为三，变成了三个星座。

除了这4个星座外，剩下的38个星座中有望远镜座、显微镜座、盾牌座、圆规座等，甚至还有乌鸦座呢。

南天部分星座

20.什么是赤道带星座

你知道自己所在的地方是北纬多少度吗？如果不知道纬度是什么意思，可以打开中国地图或者拿出一个地球仪来，从上到下那一条条横向标着度数的黑色弧线就是纬线。仔细看看自己所在的城市是北纬多少度呢？

在整个地球上，纬度圈是一个个平行于赤道的圆。地球仪最中间的那个标着 0 度的黑线圈就是赤道，这就是周长最长的纬度圈了。当你由赤道线分别向地球仪的南和北两个方向观察的时候，你就会看到两条标着 10 度的纬线圈，这两条纬线圈之间的范围就是我们现在说的赤道带。相信聪明的你一定能找到这条赤道带。

天球不过就是一个放大版的地球而已，所以，在地球上有的纬度到了天球上当然也会有。所以天球上的赤道带指的就是范围大致在南天球纬度10 度和北天球纬度 10 度之间的天域了。赤道带星座当然就是位于这一区域的星座，所以赤道带星座中同时包含北方天空和南方天空的星座，这可是它的一大特色呢。

总共有 10 个星座被划入了赤道带星座之中。托勒密星座中的 48 个星座大都属于北天星座和赤道带星座。如此看来，人们对赤道带星座的认识也是有着几千年的历史呢。

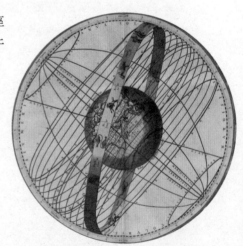

21.赤道带星座有哪些

据国际天文学联合会对星座的划分，赤道带星座有10个，分别是小马座、小犬座、天鹰座、蛇夫座、巨蛇座、六分仪座、长蛇座、麒麟座、猎户座、鲸鱼座。看到蛇夫座出现在这里是不是很惊讶呢？因为蛇夫座是一个非常特殊的星座，它是唯一一个兼跨天球赤道、银道和黄道的星座，所以它既属于黄道星座又属于赤道带星座。

除了蛇夫座外，还有一个星座非常有名，就是天鹰座。在银河东岸与织女星遥遥相对的牛郎星就是天鹰座的 α 星，而天鹰座 β、γ 星就在牛郎星的两侧，所以中国古代就把 β、γ 星看作是牛郎用扁担挑着的两个孩子。瞧，牛郎正奋力追赶织女呢。传说每年的七月初七就是他们相会的日子，天下所有的喜鹊都会来给他们搭桥，这就是传说中的鹊桥相会。

但这也只是个美丽的传说，牛郎星和织女星相距达16光年（光在真空中沿直线传播一年所经过的距离，1光年 ≈ 94605亿千米）之远，就算没有银河阻隔，"两个人"要想见上一面，也只能是在梦中了！而传说中的鹊桥相会，根据天文学家们的准确观察，这个时候有半个月亮飘在银河附近，白茫茫的月光使我们看不见银河，古人便以为这时天河消失，牛郎织女就在此时相见了。这才是事实的真相。

神话传说虽然不科学，但它有时候确实说明了一个现象，而我们要做的就是透过现象去看本质，探索这个现象背后真正的奥秘。

赤道带星座中的著名星座还有举世闻名的猎户座，它被天文学家誉为恒星育婴工厂。还有位列星座面积排行榜第一的长蛇座和第四的鲸鱼座。赤道带星座可真不简单哦。

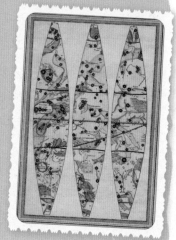

被称为北天拱极星座的只有5个星座，分别是小熊座、大熊座、天龙座、仙后座和仙王座。而这5个星座对位于北半球的人们来说有着非比寻常的意义。

拱极就是拱卫北极星的意思，也就是说这些星座都在北天极附近。北天拱极星座，就意味着这5个星座永远都拱卫着北极星。对于生活在北半球中纬度以北的人们来说这些星座永远不会没入地平线以下。也就是说无论哪一天人们仰望晴朗的夜空，都可以找到这些闪亮的星座。也因为这个特殊之处，这5个星座常常被生活在北半球的人们视为指引方向的路标。

在这5个星座中，最著名的大熊座的七颗亮星就是我们中国古代常说的北斗七星。因为它永远拱卫着北极星，所以从古至今都被迷路的人们视为寻找方向的救星。而它身边的小熊座则更是囊括了北极星。在大熊小熊上方守护这两个星座的就是天龙座。剩下的两个星座——仙后座和仙王座都属于王族星座。国王戴着王冠，王后坐在宝座上，边上有仙女座，那是他们的女儿。

这些璀璨的星座，始终围绕着北极星，在指引方向的同时还为这美丽的北天星空增添了光彩夺目的一笔。

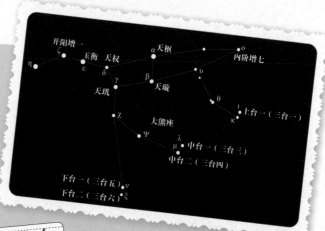

23. 大熊、北斗还是大车

大熊座，这个北方星空中最著名最容易分辨的星座还有其他名字吗？答案是肯定的，其实在星座图上，当你把大熊座的主要亮星连在一起的时候，就会发现，其实它也像一辆车。

无论是古巴比伦人还是古希腊人，他们都不约而同地把这个明亮的北斗星所在的星座称为一头熊。在古希腊神话中，大熊座是宙斯喜欢的姑娘卡利斯托（Callisto）的化身，小熊座是他们的儿子阿尔卡斯（Arcas）。宙斯的王后赫拉嫉妒卡利斯托，把这个美丽的姑娘变成了一头大熊，并诱导阿尔卡斯去射杀他的母亲。宙斯不忍看见这样的惨剧，便把阿尔卡斯变成了一头小熊，母子俩终于得以相认。为了保护卡利斯托母子，宙斯把母子俩升到了天空中，化身成了今天的大熊座和小熊座。

时至今日，中国人还是更习惯于把大熊座的七颗最亮的星星称为北斗七星，并且在中国古代神话故事中，北斗七星被视为北斗星君。

在古英格兰，人们还把大熊座称为大车座。在星座图上，如果你不加以想象，而只是单纯地依靠亮星的连线来观察这个星座，它无疑更像一辆斗车。所以当地的人们把大熊座看作是他们的国王阿图斯的马车，于是大熊座就有了另外一个名字——大车座。甚至还有美国人称它为大铲斗呢。

想想看，如果由你来命名，你会把它叫作什么呢？

观测星空并不是某个人或者某个城市的特权或专利，所以在国际天文学大会统一星座划分之前，世界上不同地域的人们都在按照自己的方式观测星空，给星星分组，给它们命名。

在西方，随着观测手段的进步和大航海时代的来临，许多科学家和航海家在托勒密星座的基础上不断地对自己勾勒的星座进行命名。一时间，新的星座不断被创立，数量激增。1801 年，德国天文学家约翰·波得绘制了一幅大型星图，收录了 100 多个星座。此时，星座的数量达到了顶峰。

这种情况下，星座划分十分混乱，给天文学的研究带来了许多困扰。

直到 1922 年，国际天文学大会召开，才将这一混乱终结。从最多时的 100 多个星座，到幸存的 88 个星座，其间必然有很多星座被取消，久而久之就被人们所遗忘了。但是到了今天，仍然有一些星座留下了遗迹。较著名的一个叫作象限仪座，最初由一位法国天文学家于 1795 年创立，现在已经被分割归入了牧夫座、武仙座和天龙座，但以其命名的"象限仪座流星雨"的名字被保留了下来。在被取消的星座中，有一些星座的名称十分有趣，如乌龟座、公鸡座、蜘蛛座、百合花座……

夜晚的天空像一块巨大的幕布，在这里镶嵌着像宝石一样闪烁的璀璨繁星，每一天都上演着令人称奇的神话传说、英雄故事。如果你仔细观察就会发现，每个季节天空中的星座都是不一样的。万里星空像一个大剧院，每一个季节都会上演不同的剧目，让你目不暇接、流连忘返。下面我们就来看看每个季节的主打星座有哪些吧。

第三章

变化莫测的浩瀚星空

每到春季，姹紫嫣红的鲜花竞相开放，大地一片生机勃勃，天上的明星也到了亮相的时候。

此时，大熊座正在北天的高空，俯视着这花开烂漫的世界。春季，是四季中观看大熊座全貌的最好时节。同时大熊座正下方的狮子座正张开着大嘴，似乎要和大熊一决高下。威猛的百兽之王和彪悍的大熊，谁能征服谁？在狮子座的东方，室女座正安静地观看着这即将开始的战局。她是要当裁判吗？

每年的 4 月是观测这几个星座的最佳时间，这个时候，它们全部闪耀在北半球的天空上，再加上一些即将登台的星座的陪衬，春季星空像极了古代的斗兽场。

在春季的夜空中，有三颗亮星排列成了一个非常大的三角形。这三颗亮星是：狮子座的 β 星——五帝座一、室女座的 α 星——角宿一、牧夫座的 α 星——大角星。沿着北斗七星斗柄的最尖端的两颗星，向南穿越整个天空画出一条稍稍弯曲的曲线，顺着这条曲线延伸，你能找到非常闪亮的两颗星，它们就是角宿一和大角星了。这条曲线被人们称为春季大曲线。以这两颗星的连线为一条边，向西偏北的方向做一个等边三角形，就能找到另外一个亮星，这就是狮子座的五帝座一。这个三角形十分明显，在春季的天空中非常容易辨认，常常被观星者们当成寻找星座的基准，被人们称为春季大三角。

26. 牧夫座最亮的星为什么叫"大角星"

春季，把北斗七星勺柄的弧形延长，画出一条大弧线，就可以在天顶附近的星空，找到一颗呈橘红色的、光耀夺目的亮星，它就是大角星。大角星是牧夫座中最亮的星。

大角星名字的来历很具有悲剧性。在中国古代的星官中，大角星原本是四象中的东方苍龙的一只角，被归入角宿。可是后来，星象家们把它从角宿中开除了，归入了亢宿。原本苍龙的两只角是大角星和角宿一，也变成了角宿一和角宿二。但是大角星的名字却一直流传下来。所以，千万不要把大角星跟角宿的星弄混了。角宿一是室女座中最亮的恒星，距离大角星不太远。这两颗星是春季大三角的两个顶点。

虽然名字的来历比较郁闷，但是掩盖不住大角星的光辉。大角星是全天第四亮星（前三位分别是大犬座的天狼星、船底座的老人星和半人马座的南门二）。大角星的英文名为"Arcturus"，意为"看守熊的人"，看守的就是大熊座和小熊座，一颗星"守护着"两大星座，颇有气势。

大角星所在的牧夫座是一个形状像风筝一样的星座。每年出现在牧夫座天区的流星雨比较多，包括象限仪座流星雨（象限仪座已被取消，大部分被划归牧夫座）、牧夫座 α 流星雨、牧夫座 φ 流星雨和 6 月牧夫座流星雨等。只是除了象限仪座流星雨每小时理论流量可达 80 颗外，其余的流星雨都微不足道，理论值只有几颗。

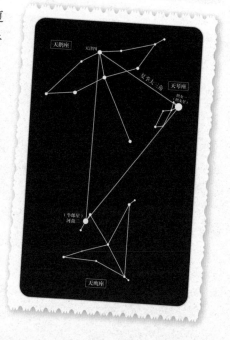

地球上有神秘的百慕大三角，夏季的天空中也会出现一个奇迹，就是夏季大三角。即使你在大城市里，只要能避开强烈的灯光干扰，也能看到这个明显的大三角形。

每年到六七月份的时候，天琴座的织女星、天鹅座的天津四和天鹰座的牛郎星都会在星空中形成一个明亮的三角形。灿烂的银河就在织女星和牛郎星之间奔涌而过，又像一把直尺从三角形里面向外延伸，从东北向西南横贯天空。当你看见了这个大三角形，可以试着将织女星和牛郎星的连线继续向东南方向延伸，就可以找到由暗星组成的摩羯座，再沿天津四与织女星的连线向西南方向找去，就可以找到武仙座了。在武仙座的西边，有 7 颗小星围成半圆形的北冕座。

夏夜里，地球朝向银河系的中心方向，人们可见到很多亮星、星云、星团。同时夏季多晴天，星空的能见度很高，所以，除了夏季大三角之外还能看到很多亮丽的星座。如果想要看到更多重要的星座，你就要等到晚上 10 点以后喽。在南方星空中闪亮的天蝎座、巨蛇座、蛇夫座等很多星座的最佳观测时间都是在 7 月。

热闹的夏季天空中繁星点点，它们像眼睛一眨一眨地等你来发现。

28.秋季夜空中最美丽的星座有哪些

每到秋天，空气清新，微凉的天气让人忍不住要在室外多待一会儿。但是相比于其他几个季节，秋季的星空是比较寂寥的，因为秋夜的亮星不多，所以辨识起来具有一定的难度。

趁着夏季大三角还没有落入地平线时，你抬头仰望星空，在天鹅座的天津四星的正东方，可以看见一个斜着的 M，这就是我们之前说过的王族星座之一的仙后座，它是埃塞俄比亚王后卡西奥帕亚的化身。通过仙后座的朝向，你就可以发现那颗闪亮的北极星了。在野外，天空中的 M 标志也能指引你找到前进的方向呢。

在仙后座的西北方和南方的分别是埃塞俄比亚王后的丈夫和女儿的化身——仙王座和仙女座。在仙女座下方的正是公主的丈夫——英雄珀尔修斯化身的英仙座，同时闪耀的还有和王族星座有关系的飞马座和鲸鱼座。显然秋季星空最美的就是这璀璨的王族星座了。秋季，是属于王族的季节。

秋季星空的最佳观测时间是每年 10 月初的晚上 10 点左右。找一个晴朗又没有月亮的夜晚，从夏季大三角向东观察，你能看到一个接近正方形的四边形——秋季四边形。这个四边形由飞马座的三颗亮星（α、β、γ）和仙女座的一颗亮星（α）构成。虽然不是很亮，但是十分醒目。宝瓶座、南鱼座、双鱼座和鲸鱼座这几个南天水族星座就在秋季四边形的南边展示着自己。但是因为这些星座的位置大多偏南方天空，观测这些星座对观星者所处地域的纬度有一些硬性的要求，如果你观测的位置太过靠近北极，你可能就看不到它们了。

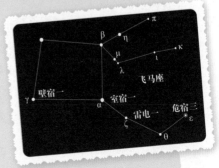

但是不管怎样，秋季的夜空也是四季星空中不可缺少的部分，让我们一起仔细地观察吧。

37

仙后座是北天拱极星座之一，与大熊座（北斗七星是大熊座的尾巴）遥遥相对，在两侧一同拱卫着北极星。因为靠近北天极，所以我们全年都可以看到它，尤其在秋天的夜晚，它会显得特别闪耀。一年之中，在秋冬交替之际，仙后座的位置是最接近天顶的。

仙后座很容易分辨。寻找仙后座的过程完全就是通过北斗七星找北极星的"加长版"——找到北极星后，再继续往前找一个北斗到北极星的距离，找到一个开口冲着北极星的英文大写的 M（或 W），就是仙后座了。

仙后座是一个可与北斗七星媲美的星座，其中可以用肉眼看清的星星至少有一百多颗，但特别明亮的只有六七颗。仙后座最主要的标志——M 的形状，就是由其中的 3 颗二等星和 2 颗三等星组成的。仙后座是一个占天球面积比较大的星座，在全天 88 星座中排名第 25，比猎户座、天蝎座、大犬座还要更大一些，只是因为 5 颗亮星所占的位置仅为其所占天区的一小部分，所以给人的感觉并不怎么张扬。

仙后座位于银河中，在它所占的空域中有很多美丽的星云与星团。其中最瑰丽的是气泡星云，这是一个颜色发红、有纤维状结构的发射星云。这个星云的特点是存在一个气泡状的东西——它是由一颗位于"气泡"中的年轻的高温恒星造成的。在仙后座的星团中，有一个星团被称为猫头鹰星团。因为在天气好的时候，用口径略大的双筒望远镜观察，它看上去很像一只有明亮大眼睛的猫头鹰默默地蹲在树杈上。

30.哪些星座在冬天可以看得特别清楚

恬静的冬夜，争相辉映的繁星镶嵌在深远无边的天幕上，吸引着成千上万不惧严寒的星空爱好者凝神仰望。

天寒地冻的冬天，晚上出来看星星的时候要记得穿得厚厚的。虽然天气寒冷，但是在一年四季之中，冬季星空却是最为壮丽的。星星们一点都不怕冷呢。

如果你在 12 月底晚上 10 点左右向天空中的东南方向望过去，就会发现天空中出现了一个不同于夏季大三角的六边形。就是由御夫座的五车二、金牛座的毕宿五、猎户座的参宿七、大犬座的天狼星、小犬座的南河三、双子座的北河三形成的一个壮丽的冬季六边形。而且因为这个六边形非常像我们体育运动中的橄榄球，所以人们又把这个六边形称作"冬季橄榄"，不过它可不能用来进行橄榄球比赛。

在这个冬季六边形的御夫座的西边，人们还可以看到一个王族星座——英仙座。虽然大部分王族星座最佳观测时间是在秋季，但英仙座这个外来女婿的最佳观测时间可是要到严寒的 12 月了。

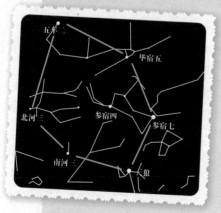

另外，作为猎户星座的猎物，天兔座也随之闪亮在冬季夜空之中。可怜的兔子，真的就要被猎人捕获了吗？

从春天到冬天，草木荣了又枯，花儿开了又败，唯有天空中依旧繁星点点。随着地球的自转和公转，一季一季的星空全部呈现在了人类面前，变化万千且美丽动人。

不需要怀疑，位于天空东南方向的猎户座就是最美的冬季星座。冬天的夜晚，在天空的东南方向，那里有整片天空最精彩的故事。

在万里无垠的亮丽星原上，猎户座的北部沉浸在银河之中，它的主体部分就是由 4 颗亮星组成的一个大四边形。其中的参宿四和参宿七是猎户座中最亮的两颗星，它们恰在四边形的一条对角线上。靠近东北方向的是参宿四，正在猎人的右肩上；靠近西南方向的是参宿七，是在猎人的左腿上。在这个大四边形的中央你会发现一条直线。这条直线是由 3 颗亮星排成的，古人就把这条直线设想成系在猎人腰上的腰带。在这 3 颗星下面，又有 3 颗小星，它们就像是挂在猎人腰带上的剑。大四边形的东北方向有 5 颗 4 等星，组成的形状很像是猎人的手臂，手中还拿着一根大棒。大四边形的西侧则有一道许多小星组成的弧线，很像是一面盾牌。猎户座的整体形象就是一个面向观察者的左手持盾牌、右手高举大棒、腰佩宝剑的猎人，昂首挺胸，非常壮观。

在古希腊神话故事中，这位猎人名叫俄里翁（Orion）。他站在波江座的河岸，身旁有他的两头威猛的猎犬——大犬座和小犬座，与他一起追逐着金牛座。一些其他的猎物如天兔座也在他的附近。这俨然是一幅壮丽的冬季狩猎图。

光猎户座这一个星座就集中了这么多的亮星，而且排列得又是如此规则、壮丽。无论在世界上哪个国家，它都是力量、强壮的象征，人们总是把它比作勇士、超人和英雄。在古巴比伦王国，人们还认为猎户座是创造宝石的神。猎户座的参宿四和参宿七分别散发着火红色和蓝白色的耀眼光芒，从地球上看着就像是两块价值连城的宝石悬挂在猎人身上。

　　猎户座无疑就是冬季星空最美丽的星座。冬天的时候，一定不要错过它哦。

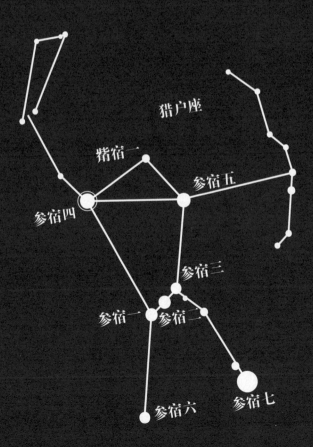

天狼星，又称大犬座 α，是全天最亮的一颗恒星，所以很早就被人们关注。

在一年中有一段时间，天狼星先出现在东方的地平线上，然后太阳紧随其后升起，这个现象被称为"天狼偕日升"。在古埃及，人们发现每年"天狼偕日升"的景象都准确地出现在洪水期之前，所以称天狼星为"Sothis"，意思是"水上之星"。古埃及人还把"天狼偕日升"开始的日期定为一年的开始。在古希腊，人们发现"天狼偕日升"出现的时候正好是一年中最热的一段时间，这时只有狗才会乱跑，所以称其为"狗星"，天狼星现在的英文名称"Sirius"就由此而来。

在中国古代，天狼星闪耀冬季夜空时，往往是北方少数民族入侵中原的时间，它也就成了外敌入侵的标志，所以人们称其为"天狼星"。在天狼星的东南方，还有名为"弧矢"的星官，呈现弓箭的形状，箭头指向天狼星，代表了射杀外来侵略者的武器。

要找到天狼星，并不困难。先找到猎户座，再从猎人的腰带向东南方向寻找，有一颗耀眼的蓝白色巨星，就是传说中的天狼星了。天狼星是大犬座的主星。天狼星的南方有三颗亮星，分别是弧矢一、弧矢二和弧矢七，它们组成了一个直角三角形。这三颗星加上天狼星以及天狼星西边的军市一，一同构成了大犬座的主体。在古希腊神话中，大犬座的原身是猎人俄里翁的猎犬。

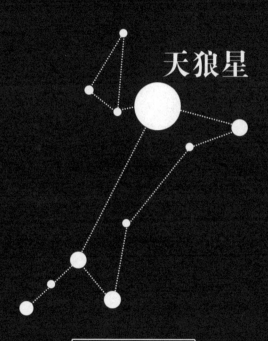

天狼星

大犬座

地球一直在不停地自转和公转，每天出现在天空中的星座都在不断地变化着，没有人可以在一夜之间看到所有的星座。

因为地球的自转，所以地球上有了白天和黑夜。各种美丽的星星一直都悬挂在天空之中，只是因为白天太阳的光芒太强烈，把整个天空中星星的光芒都给遮盖住了，所以生活在地球上的人们在白天看不到星星。等到了晚上，太阳落入地平线以下，星星迷人的光芒才有机会向人们展示。

地球每天自西向东自转一周，也就意味着星座同太阳一样每天从东边升起，从西边落下。地平线上方永远只能容纳半个天空。生活在地球固定区域的人们每天都只能看见 50% 的星座。

而对于处在北半球的我们来说，因为纬度问题，很大一部分的南天星座我们根本就没有机会看见。就如著名的南十字座，除了中国南方的一些区域外，其他地区都是永远看不到的。伟大的托勒密就是因为这个原因才无法观测到远在南方星空的星座，而只能制定出并不完善的 48 星座。

所以，对于生活在北半球的你来说，除了北极拱极星座永远不会落入地平线，我们每天都能看见之外，还有很多星座是不能在我们所在的夜空中出现的。

34. 星座是怎样运动的

有一天晚上，你偶然之间看到了一颗非常闪亮的星星，于是你把它想象成一颗钻石。可是过了一段时间之后，当你再次仰望星空的同一位置时发现：这颗钻石忽然不见了。这到底是怎么一回事呢？

原来，那颗闪亮的星星之所以会不见，是因为我们每一天看到的都是不一样的星空。星空每天都在发生变化，星座自然也就会随着移动。但星座到底是怎样运动的呢？

我们知道，星座是由恒星组成的。因为恒星离我们实在太远太远，如果不借助特殊的工具和方法，是很难发现它们在天空中位置的变化的，所以我们把它们看作是不会"动"的星体。那到底是谁在动呢？

没错，就是地球。供人类生存的地球母亲每天都在自转，每天也都在绕着太阳公转。因为地球自转，星空背景每天绕着天球的中心轴转动一圈；因为地球每天都处在公转轨道的不同位置上，所以星空也随着季节的变化而缓慢地发生变化。地球公转周期是一年，经过一年之后，地球回到一年前轨道上的同一位置，星空与一年之前的星空几乎一致。就像我们在体育场中沿跑道外围走了一圈，回到原点时见到的还是刚才进来的那个门。如果忽略岁差的影响，星座的运动周期就是一年，在一年之中的每个季节你都会看到不一样的星空画面。

所以，我们在观看星座的时候可要抓紧时机了，不然可能就需要等一年以后了呢。

十年，一棵小树苗长成一棵大树，你也从一个小婴儿长成一个小小少年。十年，很多东西都会有所改变，那么星座呢？在亿万年的时间里，星座会不会发生变化呢？

星座是由恒星之间的连线组成的，所以只要恒星的位置发生变化，星座的形状就会随之改变。而我们知道恒星其实也是在运动的，只是因为离我们太远，所以它们的运动不易被察觉。但是滴水穿石，一丝一毫的变化，也终有一天会导致质的转变。因为恒星的运动实在太

过于缓慢，只靠一辈人的力量是无法观测到星座的变化轨迹的。甚至两千年前古人描绘的星座中大熊座的概况我们也似乎看不出它与现在有什么区别。但是，人类的历史并不只有两千年。根据考古学家们的发现，10万年前由尼安德特人所留下的大熊座的描绘和现在的大熊座有很大不同。10万年前，大熊座中构成北斗七星勺沿的天枢、天璇两星的距离要比现在远得多，北斗七星的形状也跟现在不一样，所以星座的形状还是会发生变化的哦。

虽然由于距离太过遥远，人们在有生之年很难观测到恒星的运动，但是随着时间的推移，人类留下了或即将留下无数星空的记载、文献，使得星座的变化得以显现。

自古巴比伦人创造星座以来，黄道十二星座就成了占星家们忽悠大众的工具，成了人们茶余饭后的谈资，至今仍被许多人津津乐道。但你知道十二星座是哪几个星座吗？为什么现在又变成了黄道十三星座？它们各自又有着怎样的天文形态？有几个黄道星座在天文学中的规范名称与占星术中的不一样，你知道是哪几个吗？你知道吗，每一个黄道星座都有自己的神话传说，还有守护神呢。现在，就让我们一起走进黄道十三星座的大门，来探索属于黄道星座的秘密吧。

第四章

探秘黄道十三星座

天文学家把黄道经过的13个星座命名为黄道星座。根据这些黄道星座在黄道上的位置，几千年前人们就将太阳经过这些星座时所对应的日期进行了详细的划分。

但我们知道，星座是会运动的，几千年过去了，黄道星座所在的位置已经和2000年前的大不相同了。天文学家们经过严密的修正，重新确定了太阳经过黄道十三星座所对应的日期。根据国际天文学联合会公布的文件，十三星座对应的正确日期如下：

星座名称	所属的日期	星座名称	所属的日期
白羊	04/19 — 05/13	天蝎	11/24 — 11/29
金牛	05/14 — 06/22	蛇夫	11/30 — 12/17
双子	06/23 — 07/21	人马	12/18 — 01/19
巨蟹	07/22 — 08/10	摩羯	01/20 — 02/17
狮子	08/11 — 09/16	宝瓶	02/18 — 03/12
室女	09/17 — 10/31	双鱼	03/13 — 04/18
天秤	11/01 — 11/23		

值得一提的是，在所谓根据生日星座预测性格的占星术中，有三个星座使用了与天文学规范名称不同的名字，它们是：室女座，在占星术中被称为处女座；人马座被称为射手座；宝瓶座被称为水瓶座。在讨论天文学问题时，大家要注意使用规范的天文学星座名称哦。

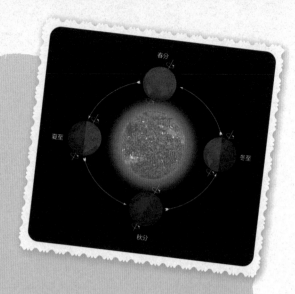

春分

夏至

冬至

秋分

37.什么是春分点

打开星图，你会发现，在天球上，黄道和赤道并不是平行的两个圆圈，黄道与垂直于地轴的赤道相交，会在天球上出现两个相距180度的交点。其中太阳沿黄道从天赤道以南由南向北通过天赤道的那一点，就是春分点了。而与春分点相隔180度的另一个交点，就叫作秋分点。

太阳每年经过春分点的时间在每年的 3 月 21 日前后，就是春分节气；经过秋分点的时间在每年的 9 月 23 日前后，就是秋分节气。当你家里的日历翻到了这两个日期的时候，你就要知道春天和秋天已经悄悄地来到了你的身边了。

几千年前的古巴比伦人之所以把白羊座作为黄道星座的第一个星座，就是因为当时春分点位于双鱼座与白羊座的分界线。但几千年后的今天，春分点已经移到双鱼座的位置。如果你能穿越到 600 年以后，就会发现，这个时候的春分点已经移到了宝瓶座的位置。

如果人的寿命能达到 26000 年，你就会看到春分点经过黄道上的所有星座。

科学家严肃地对我们说："岁差，在天文学中是指一个天体的自转轴指向因为重力作用而导致在空间中缓慢且连续的变化。"岁差是一个非常复杂的天文现象。

地球就像一个陀螺一样每天都在围绕穿过它本身中心点的一个轴进行着自转，这个轴就叫自转轴，自转轴指向就是自转轴所指的方向。当陀螺自转的速度减慢时，自转变得不稳定，在重力作用下自转轴指向就会变得混乱。地球的自转比较稳定，但是也会受到许多外力和自身重力的影响，导致地球的自转轴——地轴的指向在空间上不会始终保持一个固定的方向，会逐渐发生飘移。地轴的这种缓慢的移动就被科学家们称为岁差。

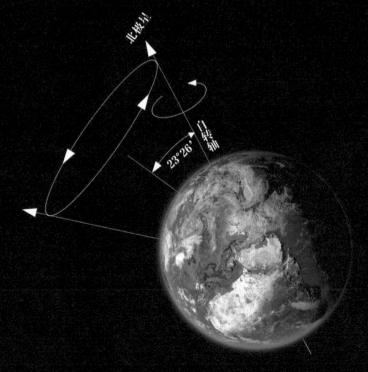

等到春分那天，如果天气晴朗，你不妨做一个天文小实验。搭建一个用于观察恒星的固定望远镜，放在自己家的阳台上，锁定一颗比较闪亮的恒星，记住自己观察的时间。一年之内不要让这个望远镜的位置发生变化。在经过一个回归年也就是 365 日 5 小时 48 分 46 秒后，再观测这颗恒星，这个时候你会发现窥管现在并不指向那颗恒星，而是向西偏移了一点点。这就是岁差带来的细微变化。

　　地球的岁差直接引起的变化就是春分点的移动。这也就是为什么古巴比伦时期春分点位于双鱼座和白羊座的交界上，而到了今天，春分点就转移到了双鱼座上。在 19 世纪的前半叶，天体在这方面的变化引起了科学家们的广泛重视，科学家们经过观测发现黄道也有轻微的移动。

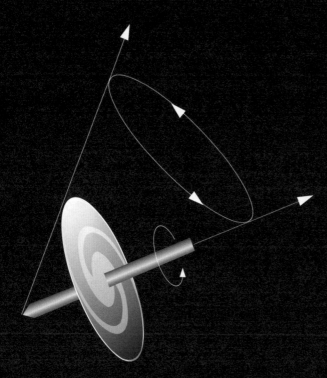

（一）会飞的金毛羊——白羊座

39.白羊座有着怎样的天文形态

白羊座是黄道星座之一，曾经是最靠近春分点的星座，也是黄道星座的起点。

白羊座并不是个明亮的星座。在星空中，白羊座的三颗主星 α、β、γ 在天空中组成钝角三角形结构，像是一把老式的手枪。从秋末一直到春天到来，它们会一直在天空中闪烁着微光。但是白羊座中的其他恒星无论在什么时候都很暗淡，甚至根本不容易分辨，所以你经常会在群星闪烁的天空中找不到它们，只能看见三颗发着微光的主星。

白羊座在面积上也没有什么突出特点，面积为 441.39 平方度，占全天面积的 1.07%，排行第 39。居于不上不下的位置，一直保持低调。

现在由于岁差的关系，春分点已经移到双鱼座。但人们还是习惯性地把白羊座看作是黄道星座的第一个星座。白羊座的最佳观测月份是 12 月，在寒冬腊月可不要忘了观察它。

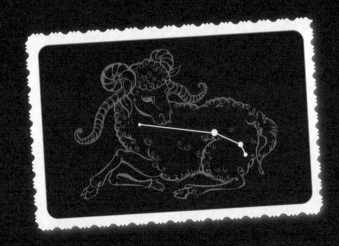

40.白羊座的领地在哪

白羊座再低调，也是重要的黄道十三星座之一，这就注定了它要被古往今来的观星者们细细观察。那么，白羊座在天空中的领地在哪呢？要怎样才能在天空中找到它呢？

白羊座位于天球上的赤经 2 时 40 分，赤纬 +21 度。只要你所在的地域位于北纬 85 度和南纬 75 度之间，总有一个季节能在天空中看见白羊座。每年 12 月中旬晚上八九点是北半球的观星者观测白羊座的最佳时机，这个时候如果抬头仰望天空，白羊座正在人们的头顶上方。

在冬季和秋季的星空中，都会出现由飞马座的三颗星和仙女座的一颗亮星组成的秋季四边形，它是帮你找到白羊座的有力工具。你可以从四边形靠北的两颗星引出一条直线，向东边延长一倍半的距离，白羊座就在直线落下的地方。直线下方三颗闪烁的星星就是你要找的白羊座的主星。

但是因为白羊座的其他恒星实在是有些暗淡，而且面积也不大，如果实在找不到它的话，可以先找找它周围的星座。白羊座的南方是庞大的鲸鱼座，东边是同为黄道星座的金牛座，西面是双鱼座，还有它的北方是由三颗亮星构成的三角座。在这几个星座之间的天域，就是白羊座的领地。

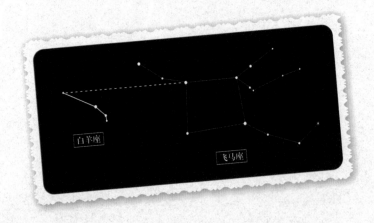

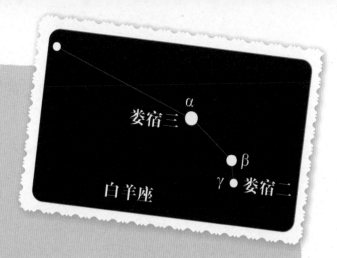

娄宿三
α

β
γ 娄宿二

白羊座

41.白羊座有怎样的亮星特点

你在每年12月中旬晚上八九点抬头仰望天空的时候，就会看到天空中的白羊座。

天文学家告诉我们，白羊座亮度超过5.5等的恒星有28颗。其中有二等星1颗，三等星1颗，其他的都是些不起眼的小星星了。

为了让你更清晰地认识白羊座的主要恒星，下表列出了白羊座中亮度排名前五的5个星体。

拜耳命名法	中国星官	视星等
白羊座 α	娄宿三	2.01
白羊座 β	娄宿一	2.64
白羊座 γ^1	娄宿二	3.88
白羊座 γ^2	娄宿二	3.88
白羊座 δ	天阴四	4.35

我们用眼睛能明确看到的就只有白羊座 α、白羊座 β、白羊座 γ^1 和白羊座 γ^2 这4颗星星了，而这4颗星星正是构成白羊座最主要的恒星。另外，有没有注意到白羊座 γ 分成了1和2两颗星呢？这就是传说中的双星。原本是两颗星星的它们因为距离太近，从地球上看就是一颗星星，是不是很神奇呢？而且白羊座 γ 是双星元老，它是人类最早确认的双星之一呢。

这些就是白羊座的亮星特点，你可以再仔细地观察观察。

星座划分和占星术自传入古希腊后，很快就和古希腊的神话相融合，所以每一个黄道星座背后都有一个神话传说。白羊座的原型是一只公羊，那么这只公羊是怎么来的呢？

很久很久以前，古希腊玻俄提亚（Boetia）的国王阿塔玛斯娶了云之仙子涅斐勒为妻，生了两个孩子——王子弗里克索斯、公主赫勒。后来阿塔玛斯抛弃了涅斐勒，又娶了底比斯（在今天的埃及境内）国王卡德摩斯的女儿伊诺为妻，生了两个儿子。伊诺为了让自己的孩子继承王位，不但虐待涅斐勒的两个孩子，还施毒计要害死他们。在播种季节来临之前，伊诺趁着人们到农神神庙祈福的机会，偷偷用烤熟的种子换掉了人们用来播种的种子。结果种子无法发芽，烂在了地里，全国的田地颗粒无收，发生了严重的饥荒。作为一国之主，阿塔玛斯派人去请求神谕。伊诺又用金钱买通了使者，假传神谕，告诉人们只有将王子弗里克索斯牺牲献祭给神，土地才能重新结出果实。

迫于压力，阿塔玛斯只能带着儿子弗里克索斯来到拉菲斯丹山顶，准备把他祭献给神。涅斐勒知道这件事后焦急万分，向主神宙斯求助，于是宙斯的神使赫尔墨斯派出了长着双翼且浑身长满金毛的公羊。公羊救出了弗里克索斯和赫勒，并载着他们飞向东方遥远的科尔基斯。在飞行途中，公主赫勒不慎坠入海中。只有王子弗里克索斯到达了科尔基斯。

后来弗里克索斯将公羊杀死，献祭给宙斯。宙斯为了嘉奖这只公羊，就将它升至夜空，变成了白羊座。

（二）诱拐公主的牛——金牛座

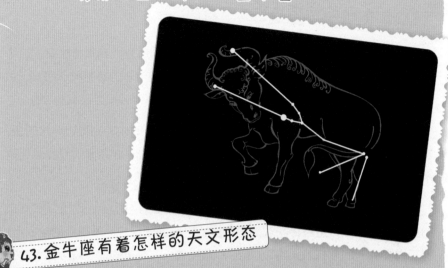

43.金牛座有着怎样的天文形态

你知道吗？幽暗的天空中有四位王者，轮流统治着四季的夜空，其中的一位就在金牛座。

还记得冬季六边形吗？金牛座的主星毕宿五（金牛座 α）就是这冬季六边形的重要组成部分。毕宿五是全天第 13 亮星，视星等 0.86，就位于黄道附近，和同样处在黄道附近的狮子座的轩辕十四、天蝎座的心宿二、南鱼座的北落师门一起被古代波斯天文学家称为四大王星。这四颗星都是视星等低于 1.5 的亮星，在天球上各相差大约 90 度，将天球分成了几乎相等的四份，正好每个季节一颗，轮流统治夜空，互不干扰。

只要你位于北半球，每年 1 月初的晚上 10 点左右就是观测金牛座的最佳时机。寒风瑟瑟的冬季，当你瞭望星空，就会发现在猎户星座的西北方向由毕宿五和属于毕星团的亮星排列组成的耀眼 V 形，就是这只强壮的公牛的头颅和犄角。耀眼的 V 形和星座中剩下的恒星组成了一只头颅低垂、前肢下跪的公牛的形象。毕宿五和毕星团亮星组成了二十八宿中的毕宿，也因此得名。

44.金牛座的领地在哪

打开星图，在赤经 4 时 20 分、赤纬 +17 度的地方找到这个星座。这个时候你会发现，要找到金牛座，就必须先找到它的最亮星毕宿五。由毕宿五和毕星团亮星排列组成的 V 形是整个金牛座中辨识度最高的部分。

然而因为冬季星空是四季中最为壮丽的，这个时候的亮星也非常的多，这就会对观星爱好者的观测形成一定的干扰。要在一堆亮星之间找到这颗毕宿五，需要掌握一定的方法。

追赶着金牛的猎户就是我们找到毕宿五最得力的助手。你可以在南边的星空中找到整片星空最壮观的猎户座，进而找到猎户座最明亮的参宿七，然后向参宿七的北偏西大约 30 度的方向望去，一等星毕宿五就会落入你的视线。这个时候，你可以根据星座图，看到那只公牛的头和犄角。

你还可以根据其他星座来寻找金牛座。它的西边是之前说的那只不起眼的白羊，东面连接了双子座。北面是英仙座和御夫座，而且金牛犄角上的一颗亮星五车五，实际上是金牛座与御夫座共同拥有的。它东南面则是拥有广阔天域的波江座和鲸鱼座。

而这些星座中留下的这么一大片天域就是这只强壮的公牛的领地了，足足占有 797.25 平方度呢，在全天 88 个星座中，面积排行第 17，比排行第 39 的白羊座靠前很多。

这只公牛相比于黯淡的白羊是不是更容易被发现呢？

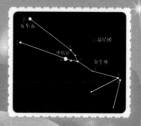

45. 金牛座有怎样的亮星特点

金牛座是北半球冬季夜空中最大、最显著的星座之一。金牛座中亮度高于5.5等的恒星有98颗；最亮星是一等星毕宿五。它可不像白羊座那样黯淡无光。

金牛座中有一等星1颗、二等星1颗、三等星2颗，这4颗就是金牛座最亮的星了。

除了这4颗亮星外，它还有四等星11颗。这些较亮的星星在星空中组成了一个大写的横躺着的"Y"形，就像是瘦成一支竹竿样的公牛顶着自己的大牛角虚弱地躺下了一样。

金牛座中还有著名的梅西耶天体——昴星团、毕星团及"蟹状星云"。

连接猎户座 γ 星和毕宿五，向西北方延长一倍左右的距离，就可以看到著名的疏散星团——昴星团。可以看到这个星团中有7颗亮星，所以这个星团又被称为七姊妹星团。

金牛座的另一个疏散星团就是毕星团，它包含了除毕宿五（金牛座 α）之外组成金牛头部 V 形的其他亮星。虽然毕宿五这个名称和毕星团的名称都来自"毕宿"，但这个星团只是刚好就位于毕宿五附近，毕宿五并不是它的成员。毕星团是最接近太阳系的疏散星团，目前正以每秒 44 千米的速度远离太阳。

蟹状星云是英国的一位天文学家根据它的形状命名的。它距离地球大约 6500 光年，大小约为 12 光年 ×7 光年，亮度是 8.5 等。如果不借助天文望远镜，我们的肉眼是看不见它的。蟹状星云是个超新星爆发的残骸，一直都是天文学家们关注的焦点。

拜耳命名法	中国星官	视星等
金牛座 α	毕宿五	0.87
金牛座 β	五车五	1.65
金牛座 ζ	天关	2.97
金牛座 η	昴宿六	2.85

46.你知道金牛座背后的神话传说吗

在古希腊神话中，强壮的金牛座是众神之王，宙斯的化身。

腓尼基的堤洛斯国国王阿戈诺尔的女儿欧罗巴公主长得非常美丽。宙斯看到欧罗巴的美貌后，非常心动，于是想得到欧罗巴的芳心。宙斯在得知欧罗巴经常与朋友在提尔的沙滩上嬉戏后，便派出了自己的儿子赫尔墨斯在附近的一个小丘上放牛。而宙斯就化身为一只牛混在牛群中，趁机靠近嬉戏中的欧罗巴。宙斯可是众神之王啊，他的手段十分高明，他所化身的这只牛毛色雪白，牛角闪闪发光。欧罗巴深深地被这只牛所吸引。这个时候白牛趁机亲了一下欧罗巴的手，并示意欧罗巴骑上去，欧罗巴年少无知果然中计。白牛一直载着欧罗巴渡过海洋，狡猾地游到水较深的地方，迫使欧罗巴紧紧地抱着它。终于，白牛在西方的克里特岛上登陆并露出他的真面目——众神之王宙斯。

远离故乡和家人的欧罗巴无奈只能屈从于宙斯，并替宙斯生下三个儿子，其中包括克里特岛之王米诺斯。而宙斯为了纪念此事，在天上以金牛座代表其化身的白牛，并以欧罗巴的名字来命名西方及整片西方大陆，也就是今天的欧洲。

（三）从天鹅蛋蹦出的孪生子——双子座

47.双子座有着怎样的天文形态

2月，仿佛春天就要来了，不过在这晚冬时节，我们还有一件事情要做。一对手拉手的兄弟正在天上悄悄地俯视着人间，渴望着与你相识。这个时节正是观测双子座最佳的时节。

双子座英文名为 Gemini，在拉丁语里是双胞胎的意思。2 月的晚上，仰望星空，从猎户座的参宿七到参宿四画一条线并延长，就能发现一对亮度接近的亮星，它们就是双子座中最耀眼的主星——北河二（双子座 α）和北河三（双子座 β）。这两颗星星就是双子座兄弟的头部。从这两颗星星向西南方向观察，能够找到几乎平行的两列亮星，每一列中都有三颗或四

颗星，它们与北河二、北河三构成了一个长长的 n 形。这两列亮星就是并肩站立的双子座兄弟的身躯。在 n 形的两边和中间，各有几颗亮星，把它们与两列亮星连在一起，就显现出了并肩站立的两兄弟的模样。

双子座的面积其实并不大，只有 513.76 平方度，在全天 88 个星座中，面积排行第30。但是却和金牛座一样，只要你位于北半球，无论你在哪个纬度，都可以在冬季和春季的天空中看到它。

在 星图的赤经7时10分、赤纬+24度的地方能够找到双子座。相互依偎的兄弟俩可是要向大家展示兄弟情深了。

　　就算是在冬天，这兄弟俩也一点都不怕寒冷。只要是晴朗的夜空，晚上 7 点以后双子座就会从天空的东北方向升起，一直到凌晨 4 点多才在西边落下，所以基本上整个晚上只要你想看就能看得到。而在晚上 10 点左右的时候，双子座就会出现在你的头顶上方，这个时候就是观测双子座最佳的时机。

　　要想以最快的速度找到双子座，还是要先找到最抢眼的猎户座。猎户座是冬天的主要星座，找到猎户座后，认清猎户座中由 3 颗恒星组成的腰带，顺着腰带最西边的那颗星星向东北方向望去，越过猎人肩膀上的极其明亮的一等星参宿四，你就会发现猎人手举的大棒，就在双子座兄弟的脚旁。

　　另外双子座的西边是我们说过的金牛座，大公牛长长的犄角就在双子座的西边。在金牛座的上方，包围着双子座的还有一个五边形样的御夫座。它东北方向是比较暗淡的巨蟹座，另外非常不明显的天猫座就位于它的北边。而这些星座之间的这部分区域就是双子座的领地了。

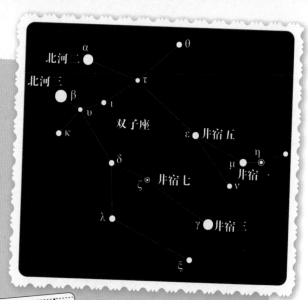

双子座中，肉眼可以看见的大概有70颗星星。而这70颗星星中亮于5.5等的恒星有47颗。其中有一等星1颗、二等星2颗、三等星4颗。下表所列就是"连体婴儿"双子座中亮度排名前五的亮星了。

拜耳命名法	中国星官	视星等
双子座 α	北河二	1.58
双子座 β	北河三	1.14
双子座 γ	井宿三	1.93
双子座 μ	井宿一	2.81
双子座 ε	井宿五	2.98

作为"弟弟"的 β 星，中国古代称它为"北河三"，它是双子座中唯一的一颗一等星，也是整片天空全天排行第 17 的亮星。它的"哥哥" α 星（北河二）比它稍暗，也是天空中著名的亮星，是全天第 23 亮星。其实，我们看到的这颗 α 星并不只是一颗星，精确地说，它是由 6 颗星组成的"六合星"。

双子座除了这两颗亮星外，其他的星都比较暗，只有弟弟脚上的 γ 星在城市灯光下才能被看到。稀薄的银河从双子座西部经过，就像是一条丝绸包裹着这对兄弟。

传说斯巴达王后丽达怀孕之后生下了两颗天鹅蛋，结果孵出了两个男孩——卡斯托尔和波吕克斯两兄弟，以及两个女孩——克丽泰梅丝特拉和天下第一美女海伦。这兄弟二人从小一起长大，感情非常要好。

兄弟两个人都爱冒险，一生伴随着无数的英雄壮举。有一天兄弟俩与他们的双胞胎堂兄弟伊达斯和林克斯一起去抓牛。他们那天抓了很多的牛，准备带回去平分，但贪心的伊达斯和林克斯趁卡斯托尔和波吕克斯兄弟不备，将牛全部带走了。两对兄弟大起争执，结果伊达斯用箭将卡斯托尔射死。波吕克斯伤心欲绝，于是向宙斯请求，希望能够用自己的生命换回哥哥的生命。

宙斯被两兄弟的情谊深深地感动了，将他们的形象置于夜空。从此，天空中就出现了一对手臂相搭、并肩而立的兄弟俩。

（四）偷袭英雄的大螃蟹——巨蟹座

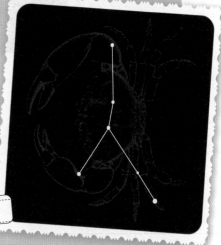

51. 巨蟹座有着怎样的天文形态

巨 蟹座，看起来像一只举着钳子的大螃蟹，听起来是不是很霸气呢？但
事实上，它却是黄道星座中最暗的一个星座。

每年的 3 月份是观测巨蟹座的最佳时节，但尽管在这个天时地利的时
候，你还是需要睁大眼睛、仔细辨认，才能看见这只"大螃蟹"。

整个巨蟹座面积有 505.87 平方度，在全天 88 星座中排行第 31。但是
这整个星座中都没有亮于三等的恒星，在初春璀璨的夜空中，还真的容易
让人忽视它呢。虽然整个星座较亮的 5 颗恒星组成的是一个"人"字形结构，
但如果你仔细辨认会发现在组成"人"字一撇中间部分的两颗星与其西侧
的两颗暗星组成了一个小四边形，这就是巨蟹的"身体"——大螃蟹的盖子。
而当你把小四边形顶角上的星分别和四边形外的几颗小星连在一起时，大
螃蟹的脚和钳子就出现了。

如果天空足够晴朗或是用望远镜观察，还能看到小四边形中间光芒很
弱的一个星团，看上去有点像一小片云雾。那是一个梅西耶天体。

52. 巨蟹座的领地在哪

巨蟹座位于天球赤经8时40分、赤纬+24度的位置。

如果有谁告诉你巨蟹座是南天星座可不要相信哦,巨蟹座是实实在在地存在于北方星空呢。在每年的冬季和春季的晚上,只要你在北半球,都能在夜空中看到一个完整的巨蟹座。

巨蟹座因为太过于黯淡,所有星星之中也没有一颗容易分辨的亮星,所以,我们只能依靠其他星座的位置来判断巨蟹座的方位了。

巨蟹座的位置在双子座和狮子座的中间,这两个星座都是比较明亮的星座,是很容易发现的。巨蟹座的北方就是懒洋洋的天猫座,南面就是蜿蜒曲折的长蛇座的蛇头。长蛇和螃蟹离得实在太近了,总是让人觉得巨蟹有了危险一样。在巨蟹座的西南方就是猎人的猎狗——小犬座。

找到了周围的星座,再仔细观察这片区域的中间,当你感觉看到了一个隐隐约约的星团的时候,你就要相信自己,你已经找到了巨蟹座。

巨蟹座较为黯淡，甚至没有一颗亮于三等的恒星。天文学家告诉我们，巨蟹座中我们的肉眼能看到的星星大概有60颗，视星等大于5.5的恒星有23颗，最亮星就是巨蟹座 β 星柳宿增十，它的视星等为3.53。下表中的这4颗星就是巨蟹座中较容易观测到的恒星，正是它们组成了较易辨认的"人"字形。

如果你眼力够好，可以试着向巨蟹座中央的 δ 星附近望去，那里会出现一小团"白色的雾气"，在中国古代这团雾气被称为"积尸气"，听起来是不是有点恐怖啊？古书中描述它："如云非云，如星非星，见气而已。"在现代观测工具望远镜的辅助下，"积尸气"的神秘面纱终于被揭开。它其实是一个疏散星团，天文学上称为"蜂巢星团"，编号为M44。这个星团的成员有200多颗之多，距离我们520光年。恒星数量又多，距离又远，这就难怪古人把它想象成怪异的"积尸气"了。

巨蟹座虽然黯淡，但星星不少，星团更有名气，麻雀虽小五脏俱全哦。

拜耳命名法	中国星官	视星等
巨蟹座 α	柳宿增三	4.26
巨蟹座 β	柳宿增十	3.53
巨蟹座 γ	鬼宿三	4.66
巨蟹座 δ	鬼宿四	3.94

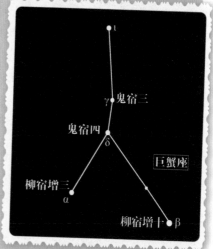

54. 你知道巨蟹座背后的神话故事吗

关于巨蟹座，在神话传说中人们说它是忠心的大螃蟹，但也因为忠心，它差点犯下大错，差点杀害了一位伟大的英雄——赫拉克勒斯。

赫拉克勒斯是众神之王宙斯和一个凡人女子生的儿子。有了宙斯的血脉并吸吮了天后赫拉的乳汁，赫拉克勒斯成了世间最强壮的人，连天神也是靠他的协助才征服了巨人族。所以人们非常崇拜他，称他为最伟大的英雄。但是，宙斯的王后赫拉嫉妒自己的丈夫和别的女子生有儿子，三番五次地要置赫拉克勒斯于死地。

迈锡尼的国王十分忌惮赫拉克勒斯显赫的名称，在受到赫拉的唆使后，派赫拉克勒斯去完成十二项非常艰苦、难以完成的任务。其中的第二项是杀掉住在沼泽区的九头蛇。这可不是一件简单的事，因为九头蛇的每个头都可以重生，一不小心就会被九头蛇杀害。赫拉克勒斯想到用火烧焦伤口使蛇头不能重生的办法。

这时，天后赫拉让一只巨大的螃蟹从背后偷袭正与九头蛇战斗的赫拉克勒斯。巨蟹用它的大钳子紧紧钳住了英雄的脚，使得他疼痛万分。赫拉克勒斯在疼痛和震怒之下，重重踩死了这只巨蟹。

后来，天后赫拉感念巨蟹对她的忠诚，把它升上天空，成了巨蟹座。

55. 狮子座有着怎样的天文形态

陆 地上威猛的百兽之王，到了天空，又会是怎样的模样，还会是地球上藐视一切的王者形象吗？

春季的夜晚，狮子座静静地挂在天空中，正是探索它的最好的时候。双子座东边的第一颗亮星是狮子座 α 星轩辕十四。狮子座是一个很形象的星座。轩辕十四与它北边的 5 颗星组成了一个反写的问号，这是狮子的头与鬃毛；由反写问号继续向东，可以发现一个由三颗星组成的接近直角三角形的形状，那是狮子的后身和尾巴。当你把这只狮子的头和后身连接起来的时候，就可以在天空中看到一只大狮子了。

这只大狮子所占的面积可不小呢，占有面积 946.96 平方度，在全天 88 个星座中排在了第 12。

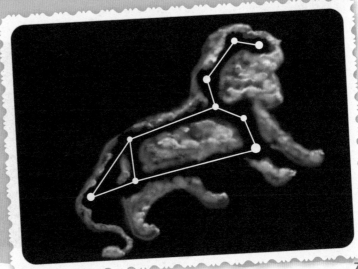

每 年的 4 月份就是观测狮子座最好的时候，但是，狮子座只有在半夜 12 点的时候才会从东面地平线升上来，然后慢慢移动，最后西沉。所以如果你要好好地观测狮子座，恐怕就要熬夜了。

星图永远都是你找到星座的最佳帮手。打开星图，找到赤经 10 时 30 分、赤纬 +16 度所代表的区域，就是狮子座了。要在夜空中找到狮子座，先找到春季大三角是最好的办法。闪耀星空的春季大三角中，最西边的顶点就是狮子座的 β 星，它是狮子座中最靠东的亮星，正在狮子的尾巴上。它还有一个中国名字，叫作五帝座一。从这颗星再向西寻找，就能看到狮子的身体，然后就是反写的问号形状的狮子头了。再加上狮子身下的一些不太亮的星星，这一片就是狮子座的领地了。

4 月初的凌晨 1 点是最容易找到狮子座的时候。这个时间，狮子座位于天空的东南方向。星图上还明确地标明了狮子座边上所紧邻的星座：狮子座夹在室女座与巨蟹座之间，它的北面就是最著名的包含北斗七星的大熊座，南边是长蛇座、六分仪座和巨爵座。

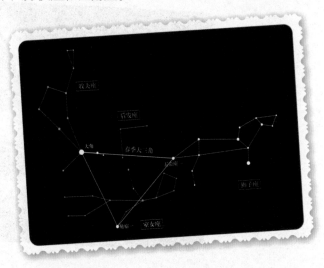

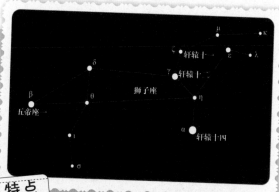

图中标注：β、κ、μ、轩辕十一、ξ、λ、δ、γ、轩辕十二、狮子座、β、θ、η、五帝座一、α、轩辕十四、ι、σ

57. 狮子座有怎样的亮星特点

作为春季星空耀眼的明星，骄傲的狮子座绝不屈居人下，狮子座里可是有很多亮闪闪的星星呢。

狮子座中我们肉眼可以看到的星星大概有 70 颗。亮度大于 5.5 等的恒星有 52 颗，一到四等星有 18 颗。其中一等星 1 颗、二等星 2 颗、三等星 3 颗、四等星 12 颗。比起巨蟹座，真是闪亮得不得了呢。下表中就是狮子座亮度排行前五的星星了。

拜耳命名法	中国星官	视星等
狮子座 α	轩辕十四	1.35
狮子座 γ	轩辕十二	1.98
狮子座 β	五帝座一	2.14
狮子座 δ	太微右垣五/西上相	2.56
狮子座 ε	轩辕九	2.98

我们可以看到，狮子座的 α 星是狮子座最亮的星，也是全天排名第 21 的亮星。航海者经常用它来确定航船在大海中的位置，所以狮子座 α 星被中国古代航海家归入了"航海九星"。

狮子座的 γ 星是一颗四合星，4 颗星中最亮的一颗恒星的亮度是太阳的 180 倍，直径则为太阳的 23 倍！但是这颗星离地球太远了，所以它远没有太阳的光芒强烈。

闪亮的狮子座，还有更加著名的狮子座流星雨。每年 11 月中旬，尤其是 14 日、15 日，在狮子座 γ 星上方的 ζ 星附近，可以见到大量的流星。

73

58.你知道狮子座背后的神话吗

狮 子座的神话传说与巨蟹座一样跟大英雄赫拉克勒斯有关。

赫拉克勒斯被迈锡尼的国王派去完成12项艰难的任务，其中的第一项就是杀死涅墨亚（Nemea）的巨狮。

这只巨狮的皮毛异常坚韧，无论什么利器都不能刺进它的体内；它的爪子锋利无比，能轻易将全副武装的战士撕成碎片。一开始，赫拉克勒斯向狮子射箭、用大棒打它，都没有用，未曾伤到狮子一点皮毛。后来大英雄不得不与狮子肉搏，费尽九牛二虎之力，终于用蛮力勒死了狮子。后来他用狮子的毛皮做成了铠甲，穿在身上，十分威风。

天后赫拉后来将这头狮子的形象置于天空中，就变成了狮子座。

（六）被掳的灿烂女神——室女座

春暖花开，草长莺飞，面积最大的黄道带星座——室女座就闪现在这个温暖的季节里。每年的春季，太阳刚落山不久，室女座就会出现在东方的地平线上，在春夏两季的夜空中室女座一直吐放着它的光芒。

室女座的面积为 1294.43 平方度，占全天面积的 3.318%，在全天 88 个星座中，面积仅次于长蛇座，排在第 2。

在夜空中找到春季大三角，这个三角形最南边的顶点上的亮星就是室女座中最亮的星——室女座 α（角宿一）。室女座的形象是一位手持麦穗的少女，而室女座 α 就是她手中所持的麦穗。室女座的外形比较复杂，在天空中不太好辨认。好在室女座最亮的几颗星 α、β、γ、δ、ε 在天空中组成了一个巨大的 Y 字形：γ 星在分叉点；α 靠南，在"Y"的最下端；β 与 γ、ε 星分别在两个枝杈上，这样就好认多了。

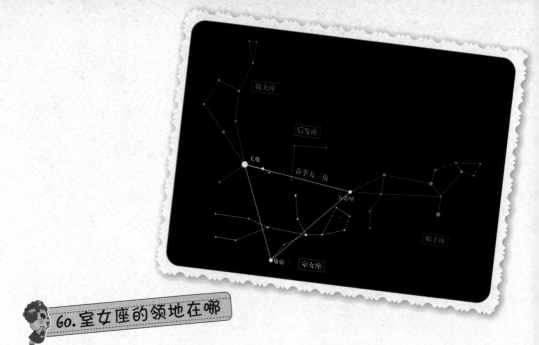

60. 室女座的领地在哪

室女座的中心位置就在天球上赤经 13 时 20 分、赤纬 −5 度上。室女座虽然占据了天赤道的最佳位置，但它仍有很大一部分位于南天星空，如果你想看见室女座可是要望向南方天域了。

每年的 5 月份是观测室女座最好的时节。

室女座是黄道中最大的星座，但是却因为大部分恒星的亮度都太低，导致整个星座都显得十分暗淡。好在有室女座 α（角宿一）这颗亮星，才没有使室女座湮没在闪闪的星空中。春季大三角最靠南的顶点就是室女座的 α 星。从室女座 α 星向西北方向观察就能见到大大的 Y 形，这就是室女座最亮的部分了。

仔细地根据星图中的信息在天空中找到室女座，你会发现在室女座的北面是长得非常像风筝的牧夫座，南方是乌鸦座，西边是狮子座，东方是代表正义的天秤座。在这四个星座中间的区域，就是室女座的领地了。

61.室女座有怎样的亮星特点

天文家们经过详细的观测，发现室女座中亮度大于5.5等的恒星有58颗，大于4等的星仅有15颗。下表中所列就是室女座中视星等排行前五的恒星。

拜耳命名法	中国星官	视星等
室女座 α	角宿一	+0.98
室女座 γ	东上相	+2.75
室女座 ε	东次将	+2.83
室女座 δ	东次相	+3.4
室女座 β	右执法	+3.6

可以看到在这个星座中，最显著的恒星是室女座 α，这颗蓝白色的星是全天最亮的 21 颗恒星之一。而事实上，室女座 α 星是由一对恒星组成的双星，它们的实际亮度是太阳的 2300 倍。

室女座中只有角宿一是 0.9 等星，还有 4 颗星是三等星，其余的都是暗于四等的星。所以，室女座在天上并不太耀眼，要想在天空中找到它，可是要下一点功夫呢。

62.你知道室女座背后的神话故事吗

关于室女座的古希腊神话起源有几种说法。一种说法认为它是公正女神阿斯特赖亚（Astraea）的化身；而广为流传的另一种说法认为它是丰收女神得墨忒尔的女儿珀耳塞福涅的化身。

人间管理谷物的农业之神、希腊的大地之母得墨忒尔是宙斯的姐姐，她有一个美丽的独生女珀耳塞福涅。珀耳塞福涅是春天的灿烂女神，只要她轻轻踏过的地方，都会开满娇艳欲滴的花朵。冥王哈迪斯惊艳于珀耳塞福涅的美丽，于是开始设计得到这位灿烂女神。

有一天，灿烂女神在山谷中的一片草地上摘花，看到一朵银色的水仙，甜美的香味飘散在空气中。女神伸手正要碰到花儿，突然，地底裂开了一个洞，一辆由两匹黑马拉着的马车冲出地面，车上是冥王哈迪斯。哈迪斯直接掳走了珀耳塞福涅。

珀耳塞福涅的呼救声回荡在山谷和海洋之间，传到了母亲得墨忒尔的耳中。她抛下了手里的农活儿，飞过千山万水去寻找女儿。人间少了大地之母，种子不再发芽，土地结不出麦穗，人类饥饿不已。宙斯看到这个情形，只好命令冥王放了珀耳塞福涅。冥王不得不服从宙斯，但给珀耳塞福涅一颗果子——地狱石榴，珀耳塞福涅一旦吃了这颗果子便必须回到地狱里。

宙斯没有办法，只好对哈迪斯说："一年之中，你将只有四分之一的时间可以和珀耳塞福涅在一起。"从此以后只要到了冬天，大地结满冰霜，寸草不生的时候，人们就知道这是因为珀耳塞福涅又去了地府，得墨忒尔又伤心得不管人间的收成了。

63.天秤座有着怎样的天文形态

你能猜出天秤座在天空中是什么样子吗？我们平时看到的秤大多数是电子秤，但在你的脑海中是不是还有一个拥有两个托盘的天平的形象呢？天秤座的形象就是一台有两个托盘的天平，它的最佳观测时间是6月。

天秤座中最亮的三颗星 α、β、γ 组成了一个三角形，这就是天平中间的支撑梁架了；在这个三角形下面，左边有两颗亮星，右边有一颗亮星，这几颗星就构成了天平两边的托盘。当左右两边托盘中的物体重量相同时，天平左右平衡，横梁呈水平状，在西方人眼中成为公平、正义的象征。所以天秤座的象征意义就是公平、正义。

天秤座的面积有538平方度，在全天88星座中，排行第29。在古希腊时期，秋分点在天秤座。

64. 天秤座的领地在哪

天秤座作为一个实实在在的南天星座，位于天球上赤经 15 时 10 分、赤纬 –15 度的位置，所以想要观测天秤座的全貌，观测者就必须位于北纬 65 度以南。中国的大部分地区都可以观测到天秤座。

天秤座作为黄道十三星座的第七个星座，在黄道带上位于室女座与天蝎座之间。它的东北方向有蛇夫座，西南方则有长蛇座。这几个星座之间的区域就是天秤座的领地了。那么，要如何才能找到天秤座的准确方位呢？

从著名的春季大三角最西边的顶点——狮子座 β 星做这个角的角平分线并延长，你就能找天秤座的 β 星。天秤座最亮的三颗星 α、β、γ 星构成了一个小三角形，从两个底角向南寻找就能找到代表两个托盘的星了。你找到了吗？

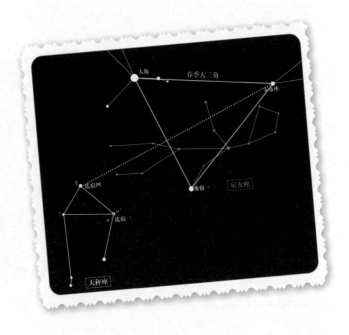

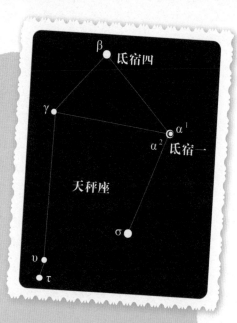

65. 天秤座的亮星有什么特点

天秤座的群星虽然被较早认识到，但即使托勒密也没有将它作为一个独立的星座。在托勒密星座中，天秤座的星属于天蝎座的一个蝎爪。

但是，天秤座被划分出来后，这个星座中六等以上的恒星有 63 颗之多，其中三等星也有 3 颗，看来天秤座还是有必要划分出来的。下表中就是天秤座中亮度排行前四的恒星了。

拜耳命名法	中国星官	视星等
天秤座 β	氐宿四	2.61
天秤座 α²	氐宿一	2.75
天秤座 σ	折威七	3.29
天秤座 γ	氐宿三	4.00

天秤座的 α 星是一对用肉眼就可以看见的目视双星，由一颗亮度为 5.2 等的 $α^1$ 和一颗亮度为 2.75 等的 $α^2$ 所构成。这颗双星的颜色呈现出带有钻石光芒的蓝白色。

另外，如果能有机会用天文望远镜观测这个美丽的星座，你就可以清楚地看到天秤座 β 星的颜色呈现出绿色。这颗星是全天唯一一颗肉眼可以看见的绿色星星呢。

　　提到天秤座的神话传说，就不得不提到室女座。在古希腊传说的一个版本中，室女座是公正女神阿斯特赖亚的化身。

　　阿斯特赖亚是众神之王宙斯和正义女神忒弥斯的女儿。根据古希腊的神话传说，最初的世界处于辉煌的黄金时代，众神与人类共同生活在大地上。世界四季常春，人类纯洁无忧。后来进入了白银时代和青铜时代，自然环境逐渐变得越来越恶劣，人类的道德也逐渐败坏，世界上有了各种灾难和战争。众神对人类失去信心，纷纷抛弃人类，升上天空。只有公正女神阿斯特赖亚相信人类善良的本性，留在大地上为人民主持正义，审判公正。但是当黑铁时代到来时，人类已经堕落到无法挽救的地步，于是这位贞洁的女神也不得不回到天上。

　　公正女神阿斯特赖亚是最后一个离开人类的神灵，于是她的形象被置于夜空中，就有了夜空中的室女座。而女神用来衡量判定公正的天平也被放置于夜空中，变成了天秤座。

（八）刺中猎人脚踝的毒蝎——天蝎座

67. 天蝎座有着怎样的天文形态

天蝎座是极其接近银河中心的大星座，它在黄道十三星座中算是最显著的星座了。只是天蝎座是个标准的南天星座，只有在北纬40度以南的地方才可以看见它的全貌。对于身在中国的我们来说，只要你在的纬度低于北京所处的纬度，在夏季晴朗的夜空中，依然可以见到这只神秘的大蝎子。

天蝎座中最亮的 α 星与它西侧稍远处的一列星星组成了一个扇形，便是这只蝎子的头部和胸部。天蝎座中其余的几颗亮星从 α 星处向东南方向延伸，排列成钩状，就构成了蝎子的身体和尾巴。

天蝎座的主星 α 星因为位于蝎子的胸部，所以在西方人们称它为"天蝎之心"。有趣的是，在中国古代，观星家们正好把天蝎座 α 星划在二十八宿的心宿里，这颗星也被叫作"心宿二"。看来，东西方的天文学家们又一次不谋而合了呢。如果你眼力够好，就会发现天蝎座从 α 星开始一直到长长的蝎子的尾部都沉浸在茫茫银河里，好像是在银河里洗澡。

天蝎座的面积有 496.78 平方度，在全天88星座中排在第33，因为面积较大，亮星又比较多，所以整个夏夜都能观测到。

天蝎座是黄道十三星座中的第八个星座。天蝎座的中心位置位于天球赤经16时40分、赤纬–36度这个位置上。要说天秤座属于南天星座，那么这只天蝎更是标准的南天星座了。

天球赤纬–36度这个位置，就意味着、在北半球有将近一半的地区无法在夜空中看到天蝎座的全貌。所以，对于古代欧洲人来说，天空中出现天蝎座全貌的时间非常的短暂，甚至在欧洲大部分地区都无法看到天蝎座。而对于科技如此发达的现代世界来说，观测天蝎座就不需要受到这么多限制了。天蝎座神秘的面纱早就被科学家们挑落。

找寻最好的时机，会让你的观星事半功倍。在夏天晚上八九点的时候，仰望南方的星空，你就可以看见在离地平线不太高的地方有一颗亮星，而这颗星就是天蝎座 α 星。因为这时候南边低空中多是些暗星，所以它非常显著。找到了这颗星，天蝎座的其他部分就不难认出来了。

再仔细观察你就会看出，天蝎座位于天秤座和人马座之间，它的东北面就是蛇夫座，南面就是虎视眈眈的豺狼座。天蝎正在和豺狼一较高下呢。这几个星座包围起来的这片天域就是天蝎座的领地。

69.天蝎座的亮星有什么特点

对于生活在北半球的人来说，每年的7月是观测天蝎座的最佳时间。这个时候我们的肉眼大概可以看到这个星座中的100颗星星。四等星以下的星星有24颗，其中一等星1颗、二等星3颗、三等星10颗、四等星10颗。一点儿都不输给北天的星座呢。下表所列就是天蝎座中排行前四位的亮星。

拜耳命名法	中国星官	视星等
天蝎座 α	心宿二	0.96
天蝎座 λ	尾宿八	1.60
天蝎座 θ	尾宿五	1.85
天蝎座 δ	房宿三	2.35

天蝎座非常接近银河中心，拥有不少的亮星。你可以看到，天蝎座中最亮的星星就是 α 星，也就是心宿二。它的亮度在整片天空中排在了第15位，是著名的"四大王星"之一。这颗天蝎之心在天际散发出火红色热烈的光芒，像火焰一样灿烂，比火星还要明亮，于是在中国古代，人们又把这颗红色的心宿二叫作"大火"。"七月流火"就是指的这颗星。

另外，关于天蝎座的心宿这几颗星，还有一个典故。在中国古代天文学中，天蝎座身体部位的三颗心宿星（天蝎座 α、天蝎座 τ 和天蝎座 σ）被称为商星，猎户座腰带那的三颗亮星则被称为参星。我们知道，猎户座是冬季星空中最亮丽的星座，天蝎座是夏季最显著的星座，这两个星座刚好一升一落，就使得这6颗星永远不可能同时出现在天空上。诗圣杜甫就有诗云："人生不相见，动如参与商。"看吧，天文学知识还能运用到文学方面呢。

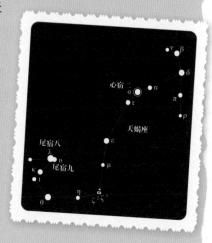

70. 你知道天蝎座背后的神话故事吗

天蝎座的神话故事与猎户座密切相关，而且有好多个版本，这里介绍其中的一个版本。

神之子俄里翁（Orion）生得英俊潇洒、魁梧强壮，是一位著名的猎人。海神波塞冬赐予他能在海面或者海中行走的能力。一次，他来到了克里特岛，遇到了狩猎女神阿尔忒弥斯。两人很快就被对方的高雅潇洒和出神入化的猎技深深吸引住了。俄里翁日日与阿尔忒弥斯一起打猎、散步、聊天，还时常夸耀自己是天下最伟大的猎人，能够消灭大地上的任何野兽。

由于他们俩都有不凡的狩猎技术，大地上的野兽越来越少，引起了大地女神盖亚的担忧。俄里翁的自大也激怒了盖亚。于是大地女神派出一只剧毒的蝎子去袭击这位猎人。猎人的脚踝被蝎子的毒钩刺中，很快就毒发身亡了。

后来猎人和蝎子的形象都被放在了天空中，就成了猎户座和天蝎座。

（九）"受了委屈"的星座——蛇夫座

人们在寻觅天蝎座的时候，经常会发现有一只多出来的"脚"横插进了天蝎座和人马座之间，这就是蛇夫座。

1922 年，国际天文学大会发表决议，确认蛇夫座为黄道上的十三个星座之一。至此，蛇夫座的地位终于得到了肯定。

这个星座长得也有些奇怪。蛇夫座、巨蛇座，怎么说都像是有着一定的联系。仔细观察，你就会发现，又大又宽的蛇夫座，就像是个多边形，在这个多边形中间，一条曲折的星线一穿而过。而这条曲折的星线，就是巨蛇座。蛇夫座正是一个男子手持巨蛇的形象。也因此，蛇夫座成了整片天空中唯一一个与其他星座缠绕在一起的星座。

根据天文学家们的计算，蛇夫座的面积有 948 平方度，是黄道十三星座中的第三大星座，在全天 88 星座中排在第 11。

72.蛇夫座的领地在哪

每 年11月29日左右，太阳就会从蛇夫座中一穿而过，也因此，蛇夫座被划入了黄道星座之中。在天球赤经 17时20分、赤纬–30度 的位置，就是蛇夫座的领地。

观星者们发现蛇夫座的领地位于武仙座的南面，天蝎座和人马座的北面。而它的东侧就是星光熠熠、迢迢万里的银河。虽然蛇夫座跨越的银河长度确实很短，但银河系中心方向就在离蛇夫座不远的人马座里面，银河在这里有一块突出的部分，蛇夫座就位于银河最宽的这个区域内。

蛇夫座的中心位置正好在天球赤道上，所以蛇夫座不仅是天空中唯一一个与其他星座缠绕在一起的星座，还是整片天空中唯一一个兼跨天球赤道、银河和黄道的星座。蛇夫座的位置真的是太特殊了。

要在天空中找到这个特殊的星座，其实也不是什么难事。如果只是看蛇夫座的话，它的形状更像是一口扣着的大钟，蛇夫座最亮的 α 星就是钟的顶端。还记得夏季大三角吗？蛇夫座 α 星可以和明亮的夏季大三角中的牛郎星、织女星构成一个不同于夏季大三角的等腰三角形，再配上星图的提示，你就可以很快地找到蛇夫座了。

这个特殊的夏季星座的最佳观测时间在每年的 7 月份。

蛇夫座可是个大家伙，虽然它不如天蝎座或者是猎户座那样灿烂，但也不像室女座空有广阔的面积一点都不闪亮。蛇夫座中人们肉眼可以看到的恒星大概有100颗。蛇夫座没有一等星，但二等星有1颗、三等星有7颗、四等星则有15颗。在南方天空中，一闪一闪亮晶晶。下表中是蛇夫座中亮度排行前五的恒星。

拜耳命名法	视星等
蛇夫座 α	2.08
蛇夫座 η	2.43
蛇夫座 ς	2.54
蛇夫座 δ	2.73
蛇夫座 β	2.76

蛇夫座中的星星在中国有天市垣、房宿、尾宿、箕宿及牛宿等星官名。

蛇夫座中除了这些闪烁的亮星外，还有一颗仅次于半人马座 α 星的太阳第二近邻恒星，就是在1916年被美国科学家巴纳德首先发现的巴纳德星。从地球上看这颗星位于蛇夫座 β 东方，距离太阳5.87光年。同时，从地球上看它还是全天运动最快的星，大约每189年它就会在天球上运动一个月球月面的距离。它的运动方向是朝向着太阳系，因此，再过几千年，它就会变为距离地球最近的恒星了。

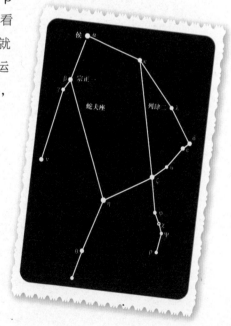

蛇夫座和巨蛇座为什么会缠绕在一起呢？在古希腊神话中，天空中双手抓着巨蛇的蛇夫就是医学之神阿斯克勒庇俄斯（Asclepius）。

当年，太阳神阿波罗（Apollo）和塞萨利公主科洛尼斯（Coronis）相爱。但是科洛尼斯怀孕时又爱上了凡人伊斯库斯（Ischys）。愤怒的阿波罗射死了科洛尼斯，但在火化时从尸体中救出了尚未出生的阿斯克勒庇俄斯，并交给了贤明的马人喀戎（Chiron）。喀戎将阿斯克勒庇俄斯抚养成人，并将自己的所有医术都教给了他。阿斯克勒庇俄斯的医术很快就超过了自己的老师，到了后来甚至已经精湛到能够起死回生的地步，并行医救活了很多即将被死神带走的亡魂。

阿斯克勒庇俄斯高超的医术激怒了冥王哈迪斯和主神宙斯，因为这威胁到了只有神才拥有的"不朽"，于是宙斯用雷劈死了阿斯克勒庇俄斯。后来，宙斯将阿斯克勒庇俄斯升上天空，化为蛇夫座。

据说一天，阿斯克勒庇俄斯正在专注地思索一项病案时，突然发现一条毒蛇爬到他的手杖上，他大吃一惊，立即将这条毒蛇杀死。谁知不久，又出现了另一条毒蛇，口里衔着药草，伏到死蛇身边，将药草敷在死蛇身上，结果那蛇复活了。这使得阿斯克勒庇俄斯想到，蛇是有毒的，可以置人于死地，但蛇又有神秘的疗伤能力，可以拯救病患之人。此后他在各地行医时总是带上手杖，并在手杖上缠着一条蛇。从此，这只缠绕着蛇的手杖便成了阿斯克勒庇俄斯的标志。直到今天，蛇杖还是许多医学学会、医学组织、医学院的标志。正是由于这个原因，所以蛇夫座与巨蛇座纠缠在一起，形成了医神手握巨蛇的形象。

（十）令人惋惜的智者喀戎——人马座

人马座是一个偏南的黄道星座，所在的天区刚好在天蝎座的尾巴西边。

传说中人马座的形象是一个手持弓箭的半人半马——上半身是人，有人的头颅、胸部和双臂；下半身是马，有马的身躯和四肢。人马座没有十分亮的恒星，形象又比较复杂，要找到它完整的形象有点儿困难。幸好，人马座中的几颗亮星组成了我们熟悉的图案。夏夜，在南面的低空，6颗人马座的亮星组成了一个勺子的图形，与我们熟悉的北斗七星很像。中国古代把这6颗星归入斗宿，称为"南斗"。不过南斗六星只有斗宿四是二等星，其他都是三到四等星，远不如北斗七星那么一目了然。

在这把勺子的西南方向，还有三颗亮星。如果把它们与南斗六星用线连起来，你会发现这三颗亮星与南斗六星中的5颗（除去了勺柄顶端的一颗星）形成了一个明亮的茶壶形。这个由8颗恒星组成的茶壶形状，包含了人马座最亮的9颗恒星中的7颗，十分形象且显眼。这就是人马座的主体了。至于半人半马的形象，就要靠你对着星图和天空，充分发挥想象力了。

"茶壶"是人马座内部的星群。所谓星群指的是一种非正式的类似星座的存在，它们可能来自不同的星座，也可能位于同一星座内，组成比较易于辨认的几何形状。例如春季大三角，以及我们熟知的北斗七星。

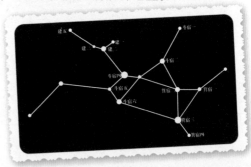

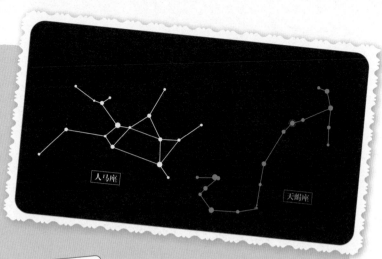

人马座　　天蝎座

76. 人马座的领地在哪

打开星图，在赤经19时、赤纬−28度的位置，你就可以看到人马座了。看到人马座处于这样的一个位置，你有没有想到什么呢？对了，它和天蝎座一样都是标准的南天星座，但它只要求纬度在北纬55度以南就可以见到，中国的大部分地区都可以看到它的全貌。

人马座是夏季夜空中最大的星座之一，面积占有867.43平方度，在全天88个星座中，面积排行第15。

通过星图可以看到，人马座位于天蝎座的东面、摩羯座的西面，蛇夫座在它的北面，它的南边则是一系列小型星座，如望远镜座、显微镜座、南冕座等。这些星座中间的空旷区域就是人马座的领地了。其实只要你在夏季天空中，找到了天蝎座，人马座的茶壶就挨着天蝎的尾巴呢。因为银河中心就在人马座方向，所以这部分银河是最宽最亮的，这片亮丽的区域就是人马座的地盘了。人马座是夏季夜空中最显著的星座之一。

人马座是夏季夜空中最大、最显著的星座之一。虽然这个星座之中没有光彩夺目的一等星，但这个星座中人类肉眼可见的星星就达到了115颗左右，视星等从二等到四等的恒星有20颗，其中二等星2颗、三等星8颗、四等星10颗。下表中就是人马座中亮度排名前五的星星。

拜耳命名法	中国星官	视星等
人马座 ε	箕宿三	1.85
人马座 ζ	斗宿六	2.60
人马座 σ	斗宿四	2.02
人马座 δ	箕宿二	2.70
人马座 λ	斗宿二	2.81

我们可以看到，人马座最亮的星星不是 α 星也不是 β 星，而是箕宿三，也就是人马座 ε。其他的几颗星不算太亮但也不能说黯淡。人马座还是很努力地在天空中闪闪发光的。

值得一提的是人马座的位置正对着银河中心的方向，所以它里面虽然亮星不多，但星团和星云却特别多。

沿人马座中的 σ 和 λ 两星连线向西延长可以看到一小团云雾样的东西，这就是人马座许多星云中的一个。从望远镜里看去，它是由三块红色的光斑组成的，十分好看，被称为"三叶星云"。人马座里的星云还有不少，比如在南斗斗柄 μ 星的北面，有个星云很像马蹄子的形状，因此被称为"马蹄星云"。

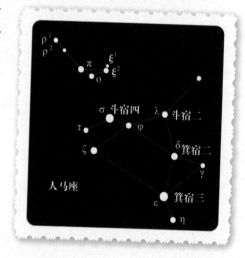

78.你知道人马座背后的神话吗

传说在古希腊的山林中，生活着半人马族。他们个个是：上半身是人，下半身是马。他们是云之仙女与拉庇泰国王伊克西翁的后代，大多都性情暴躁，嗜酒如命。

但是同为半人马外形的喀戎（Chiron）却与众不同。他是提坦神王克洛诺斯（Cronus）与大洋仙女菲吕拉（Philyra）所生，具有古老神族的优良遗传，且具有不死之身。喀戎以其和善及智慧著称，是多位古希腊英雄的导师，当中包括珀耳修斯、忒修斯、阿基里斯、伊阿宋和赫拉克勒斯。他也是医药之神阿斯克勒庇俄斯的老师。

大英雄赫拉克勒斯完成第三个任务后，路过半人马族居住的地方，到一个朋友家做客。半人马族人想要抢夺朋友招待他的美酒，赫拉克勒斯被激怒了，于是就用箭追杀半人马族人。慌乱之中，一部分半人马族人逃到了智者喀戎的家里。喀戎出门去看个究竟，却被箭误伤了腿部。赫拉克勒斯的箭上沾有蛇妖许德拉的毒血，这毒让精通医术的喀戎都无可奈何。所以虽然喀戎有着不死之身，却每天都被剧毒折磨得疼痛不已。误伤恩师的赫拉克勒斯悔恨不已，但事情已经无法挽回。

当时普罗米修斯因为偷了天火给人类使用，正被宙斯绑在高加索山上受苦刑。喀戎决定将自己与普罗米修斯交换，让普罗米修斯一朝恢复自由而自己放弃永生，让两方都得以解脱。喀戎的死，令人惋惜。诸神被他的人格所感动，将喀戎升入夜空，他射箭的形象成了夜空中的人马座（Sagittarius）。

（十一）样子怪异的公羊——摩羯座

79. 摩羯座有着怎样的天文形态

摩羯座（Capricornus）的形象是一只上半身为羊、下半身为鱼的怪物。这个形象据说来自古希腊的山神和牧神潘恩（Pan）。

Capricornus 一词字面的意思是"公山羊"。汉语中的"摩羯"一词源自佛经。佛教发源于印度，佛经中记载的"摩羯"是古印度神话中的怪物的名字。这个怪物的头部与前肢似山羊，身体与尾部呈鱼形。因为这个怪物与古希腊神话中 Capricornus 的形象吻合，所以翻译的时候就把这个星座的名称译为"摩羯座"。

天空中的摩羯座其实一点都不像山羊。它的身体、头和角组成的图像更像一只正在飞舞的蝴蝶。仔细看看星图中的摩羯座，它身上的不同方位还有许多的小点，就好像我们在花园里看见的花蝴蝶身上点缀的花纹，非常美丽。如果简单来看，摩羯座的几颗主星构成了一个倒三角形，又像一把"V"字形的回力镖。

只要你有心寻找这个南天星座，如果能找到这个倒过来的三角形结构，就可以很轻松地在黑暗的夜晚中将它辨别出来。虽然摩羯座中一颗亮星也没有，但轮廓还是相当清楚的。

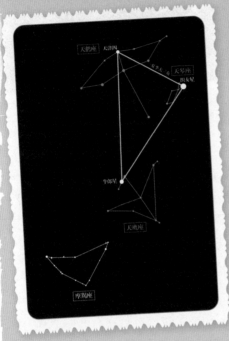

摩羯座位于天球上赤经21时、赤纬–18度的位置，它和天蝎座、人马座一样都是南天星座。对于北半球的我们来说，每年的9月份就是观测摩羯座的最佳月份。

抬头仰望南方的天空，在天空中闪耀着的夏季大三角就是你寻找摩羯座的有力工具。找到夏季大三角中亮度最低的天鹅座的天津四，向正南方向延长视线，你看到的那个轮廓清晰的倒"V"就是我们要找的摩羯座。在人马座以东、宝瓶座以西、显微镜座以北的这片区域就是摩羯座的领地所在了。聪明的你，找到了吗?

通过和摩羯座的邻居人马座相对比，我们可以看到摩羯座明显面积较小。天文学家们通过精确计算，得出摩羯座的面积有413.95平方度，占有全天面积的1.003%，在88个星座中排在了第40。比黯淡的白羊座的名次还要低一位呢。

其实，南方天空中星座并不是很多，虽然摩羯座如此黯淡，在南方星空中依然是难得的闪亮星座。

牛宿二

δ γ
垒壁阵三

ζ

摩羯座

β

Ψ
ω

81. 摩羯座有怎样的亮星特点

如果你只是想看看摩羯座中亮丽的星星的话，可能就要失望了，摩羯座没有多少有趣的星体，也没有多少明亮的恒星，这个区域的星系发光都很微弱。三到四等的恒星只有9颗，一等星和二等星一颗都没有。其中三等星只有2颗，四等星7颗。下表中就是摩羯座中亮度排名前五的星星了。

拜耳命名法	中国星官	视星等
摩羯座 δ	垒壁阵四	2.85
摩羯座 β	牛宿一	3.05
摩羯座 α^2	牛宿二	3.58
摩羯座 γ	垒壁阵三	3.69
摩羯座 ς	燕	3.77

摩羯座中最亮的 δ 星，视星等只有2.85，并没有什么出彩的地方。值得一提的是摩羯座的 α 星，如果用双筒望远镜看的话，就可以清楚地看到它是一个光学双星。这两颗星其实是一前一后，没有挨在一起，但因它们在同一方向上，所以看上去是双星。更有趣的是这颗星中的每一颗子星本身又是一颗双星。就等于你在地球上看到的是一颗星星，在天空中实际上是四颗星。

摩羯座的形象来自古希腊神话中的一位天神——潘恩（Pan）。

潘恩虽然也是奥林匹斯山上的天神，但不像别的神一样长相俊美，他的样子是颇有些古怪的。他是一位半人半兽的神，头上长着山羊角和羊耳朵，上半身具有人形，下半身却长着一条羊尾巴与两条羊腿。他是山神也是牧神，司管山林中的各种动物。

潘恩擅长吹笛子。一次，众神在尼罗河畔举办一场盛大的宴会，潘恩在宴会上吹笛助兴。众神都陶醉在美妙的笛声中，宴会上一片和谐景象。这时，奥林匹斯山神族的老对头、巨神族的后代——怪物提丰（Typhon）突然向众神发动了偷袭。只见狂风大作，乌云遮天蔽日，一只巨大的怪物瞬时出现在众神面前。怪物发出可怕的笑声，其中还夹杂着电闪雷鸣。众神都害怕极了，纷纷变成各种形象逃跑。天后赫拉变成了一头母牛、太阳神阿波罗变成了一只渡鸦、神使赫尔墨斯变成了一只白鹭……潘恩沉浸在自己的音乐中，一时之间没有反应过来。等他回过神来，也吓得半死，急忙跳进河中，想变成一条鱼逃走。可是，慌乱之中，他的变身不太成功，虽然下半身变成了鱼，上半身却是公羊的形象。幸好，最后总算是狼狈地逃脱了。

潘恩

后来宙斯看到了潘恩这个模样，觉得非常有趣，便将这半羊半鱼的样子化作天上的星座。

（十二）斟酒倒水的美少年——宝瓶座

83.宝瓶座有着怎样的天文形态

宝瓶座是黄道十三星座中的倒数第二个。在古希腊神话中，宝瓶座的形象是一个美少年正拿着宝瓶在倒水。

打开星图，找到宝瓶座，你会发现星图上经过宝瓶座最亮的两颗星 α、β 的直线勾勒出了少年的身躯，它几乎与星图中的黄道平行。α 星和它东北方向的三颗星连在一起，像是少年的头颅。β 星的西南方向和东南方向，各有几颗小星，构成了少年的腿部。从 α 星向东南方向延伸，你能找到由几颗星组成的多边形，很像是水壶的形状，那就是宝瓶啦。宝瓶和躯体中间，是几颗星组成的少年纤瘦的手臂。宝瓶的南边三两点的星星，就像是从瓶中滚落的水花。

太阳经过宝瓶座的时间是每年的 2 月 18 日至 3 月 12 日。在星座起源的古代两河流域（古巴比伦），每年 11 月到次年 4 月属于雨季，而这个时段太阳所在位置的星座都被想象成与水相关的各种形象。在传说中，宝瓶座倒下的水经常被当作河流的源头，甚至与大洪水相联系。这是古代先民们在自己的想象中对自然现象的一种解释。

还有一件事值得一提，就是宝瓶座流星雨。宝瓶座每年会出现三次流星雨。其中一次于 5 月的上旬出现，尤其是在 5 月 5 日最为壮观。这一次的流星雨是由著名的哈雷彗星造成的。虽然哈雷彗星每 76 年才会在天空中出现一次，但由它造成的流星雨可是每年都会有的。

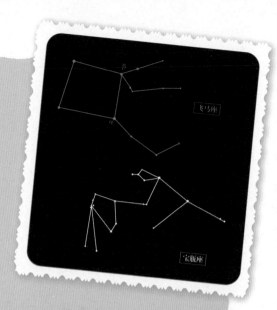

飞马座

宝瓶座

84. 宝瓶座的领地在哪

赤经23时、赤纬−15度就是宝瓶座在天球上的中心位置，同样作为南天星座的它要求你观测的地点的纬度要低于北纬65度，要不然就看不到这正在斟酒的美少年的全貌了哦。对于位于北半球的我们来说，每年的10月份是观测宝瓶座的最佳月份，也正是举国欢度国庆节的时候。

宝瓶座是一个大但非常暗的星座，它的面积为 980 平方度，在全天 88 星座中排行第 10，在黄道星座中仅次于室女座，排行第二。

宝瓶座在黄道带上的领地就位于摩羯座和双鱼座之间。它的东北方向是飞马座、小马座、海豚座和天鹰座，西南边就是南鱼座、玉夫座和同样庞大的鲸鱼座。

对于普通观星者来说，因为宝瓶座没有亮星，所以寻找起来还真有些困难，只能用粗略估计的方法来寻找宝瓶座的领地。观星者们一般选择先找到位于飞马座的明亮的"秋季四边形"，然后从北向南，把连接飞马座 β 星和 α 星的竖线（四边形靠西侧的那条边）向南延伸到 1.5 倍远，在那里会有一片比较暗的星，而这一大片暗星所在的区域就是宝瓶座的领地了。

86.你知道宝瓶座背后的神话故事吗

传说，在特洛伊城里，有一位俊美的少年，他是特洛伊的王子，名叫伽倪墨得斯。他的容貌，连最美的女子都自叹不如。可谁知道，这样的美貌却给他带来了意想不到的灾难。

一天，少年在城外替父亲放牧羊群，宙斯正好从天空中飞过。宙斯一看见少年，就被他的美貌吸引了，非常喜欢他。于是宙斯变成一只巨鹰从天空中俯冲而下，抓走了这位美少年。作为对少年父亲的补偿，宙斯送给国王两匹神马。

原先神界举办盛宴时，负责给诸神斟酒倒水的是青春女神赫柏。她是宙斯和赫拉的女儿。后来大英雄赫拉克勒斯完成了十二项艰巨的任务，被迎入天界，也成了神。宙斯还把自己的女儿赫柏嫁给了他。从此赫柏就不适合再干斟酒官这个工作了。

宙斯让伽倪墨得斯代替赫柏，在宴会上给诸神斟酒。伽倪墨得斯干得很好，受到了天神们的一致赞扬。于是宙斯将少年斟酒倒水的形象放在天空上，就有了宝瓶座。

(十三）爱神母子俩——双鱼座

87.双鱼座有着怎样的天文形态

双鱼座是黄道十三星座的最后一个星座。这个星座里没有一颗明亮的恒星，所以很暗。甚至对于生活在光污染严重的大城市的人们来说，许多人从来就没有见到过双鱼座的真正面貌。

在璀璨的冬季星空中，双鱼座有两个小环，容易辨认。一个紧贴飞马座南面，另一个位于飞马座东面。这两个小环就是双鱼座中的两条鱼。而位于两条鱼之间的，以 α 星为顶点的向西开口的"V"形，是拴住它们的绳子。这就是双鱼座在天上的样子了。

其实双鱼座的面积并不小，它的面积为 889.42 平方度，占全天面积的2.156%，在全天 88 个星座中排行第 14。在黄道星座中算是一个大星座了。不过它比宝瓶座还要黯淡。

值得我们注意的是，几千年前古巴比伦时期，春分点在双鱼座与白羊座之间，太阳经过春分点后进入白羊座，于是白羊座成了黄道星座中的第一个，双鱼座就成了黄道上的最后一个星座。但是经过几千年星座的变化，春分点已经移到了双鱼座的位置。所以在现代天文学中，在严格意义上，现阶段双鱼座并不是最后一个黄道星座，而是第一个黄道星座。

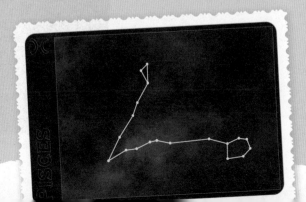

85.宝瓶座有怎样的亮星特点

金秋十月，美丽的天空，美丽的宝瓶。但实际上，这个庞大的星座却是和天秤座一样有些黯淡。如果不借助工具，我们的肉眼可以在宝瓶座中看到90颗左右的恒星。但是宝瓶座中却没有亮星，最亮的也只是三等。从三到四等只有15颗，其中只有2颗是三等星，剩下的13颗都是四等星。

下表中就是宝瓶座中亮度排行前五的恒星了。

拜耳命名法	中国星官	视星等
宝瓶座 α	危宿一	2.95
宝瓶座 β	虚宿一	2.90
宝瓶座 δ	御林军二十六	3.269
宝瓶座 ε	女宿一	3.78
宝瓶座 λ	垒壁阵七	3.73

我们可以看到宝瓶座中最亮的一颗星星就是 β 星，就算是在稍微黯淡的秋季星空，这颗三等星也没有那么容易辨别。宝瓶座中的 R 星是一颗神奇的米拉变星，每一天它的亮度都不一样。它的亮度最大时视星等是5.8，最小时则变成了12.4。也就是说，它不定什么时候会因为亮度太低，而在天空中消失。不过它的亮度一变一变的，在漆黑的夜空中也像是哪个小精灵在眨眼睛呢。

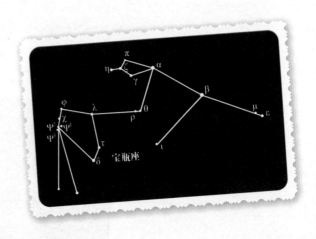

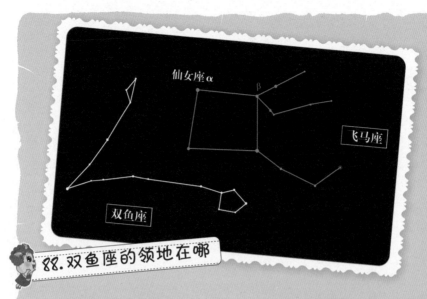

仙女座α

β

飞马座

双鱼座

88.双鱼座的领地在哪

双鱼座位于天球赤经0时40分、赤纬+10度的位置。对于在北半球的我们来说，观测双鱼座不用担心纬度问题，每年11月份的晚上9点就是观测双鱼座的最佳时机。机不可失，不要错过哦。

虽然找到双鱼座有点困难，但只要掌握好方法就应该不成问题。

冬季星空虽然有璀璨耀眼的冬季六边形，但曾经闪耀的秋季四边形依然在天空中争取属于自己的光芒。你可以看到位于秋季四边形正南方的这几颗星围成了一个多边形，这就是双鱼座的一个小环，观星者们一般把它看成是一条鱼（西鱼）。而将四边形的靠北的一条边（飞马座 β 星和仙女座 α 星连线）向东延长一倍，碰到的那几颗暗星就是另一条鱼（北鱼）。找到了这两条鱼，双鱼座不就出现在你的眼前了吗？加上连接这两条鱼的锁链就构成了一个完整的双鱼座。

双鱼座是黄道星座的最后一个星座，白羊座在它的东方。而它的西方就是同样黯淡的宝瓶座。仙女座、飞马座、天大将军座、三角座就位于双鱼座的北方，而双鱼座的南方被巨大的鲸鱼座给包围了。这几个星座中间的范围就是双鱼座的领地了。

对于这个大而且非常暗淡的星座，人的肉眼在这个区域可以看到的恒星大概只有 75 颗。从一到四等的星星只有 7 颗，并且没有一等星、二等星和三等星，这 7 颗星星都是四等星。从下表中这 5 颗排行前五的恒星亮度，你就可以看出双鱼座到底有多暗了。

拜耳命名法	中国星官	视星等
双鱼座 η	右更二	3.62
双鱼座 γ	霹雳二	3.69
双鱼座 α	外屏七	3.80
双鱼座 ε	外屏二	4.28
双鱼座 δ	外屏一	4.43

就连双鱼座中的深空天体 M74 都算得上是最暗的梅西耶天体之一，它是一个正面朝向地球的 Sc 型旋涡星系，需使用 6 英寸（15.24 厘米）或者更大的望远镜才可以看见。在这个黯淡的深空天体的中间有一个明亮的核，但是因为它的外围有一团很暗的环状云雾，所以就导致了这个深空天体的视星等成了 9.2。

春分点现在就位于双鱼座的"西鱼"附近。

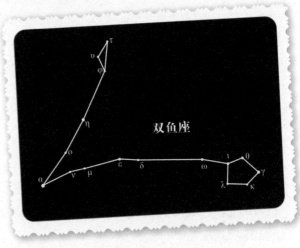

90. 你知道双鱼座背后的神话故事吗

代表母子情深的双鱼座是希腊神话中爱与美的女神阿佛洛狄忒（罗马神话中称维纳斯）和她的儿子厄洛斯（罗马神话中称丘比特）在水中的化身。

还记得牧神潘恩遭遇尴尬变身的那场宴会吗？爱神和她的儿子那天也在宴会上。那一天，众神在尼罗河畔举行盛大的宴会，所有神明都接到了邀请。爱与美的女神阿佛洛狄忒带着儿子小爱神厄洛斯也来参加。美妙仙乐，美食美酒，一切都让人陶醉不已。可就在众神沉醉在美妙的宴会之中的时候，几十丈高的怪物提丰突然蹿了出来，疯狂地向诸神发起攻击。众神都慌了，大厅里一下乱成了一锅粥。最可笑的是，宴会里的众神都没有想办法去对付这只怪兽，而是纷纷变成动物逃离现场。

这时候，爱与美之女神阿佛洛狄忒慌忙之下化作一条鱼跳进尼罗河里。可当她正要逃跑的时候，想起来忘记带上自己的儿子，于是又赶紧跑回来，和儿子小爱神厄洛斯一块儿变成两条鱼跳进河里。因为怕与儿子失散，女神还专门用绳子把两条鱼的尾巴连在一起。

后来，宙斯就把阿佛洛狄忒和她儿子变成的那两条鱼升到了天空之中，化成了双鱼座。这也是为什么双鱼座代表着母子之情了。

附录 1：现代 88 星座列表

仙女座	唧筒座	天燕座	宝瓶座	天鹰座	天坛座	白羊座	御夫座
牧夫座	雕具座	鹿豹座	巨蟹座	猎犬座	大犬座	小犬座	摩羯座
半人马座	仙后座	船底座	仙王座	鲸鱼座	蝘蜓座	圆规座	天鸽座
后发座	南冕座	北冕座	南十字座	巨爵座	乌鸦座	天鹅座	海豚座
剑鱼座	天龙座	小马座	波江座	天炉座	双子座	印第安座	武仙座
时钟座	长蛇座	水蛇座	天鹤座	蝎虎座	狮子座	小狮座	天兔座
豺狼座	显微镜座	天猫座	天琴座	山案座	天秤座	麒麟座	苍蝇座
矩尺座	南极座	蛇夫座	猎户座	南三角座	飞马座	英仙座	凤凰座
绘架座	双鱼座	南鱼座	船尾座	罗盘座	网罟座	天箭座	六分仪座
天蝎座	玉夫座	盾牌座	巨蛇座	人马座	金牛座	船帆座	三角座
孔雀座	杜鹃座	望远镜座	小熊座	大熊座	室女座	飞鱼座	狐狸座

附录2：托勒密星座列表

牧夫座	鲸鱼座	小马座	豺狼座	天箭座	室女座
御夫座	仙王座	天龙座	天秤座	南鱼座	小熊座
白羊座	半人马座	海豚座	天兔座	双鱼座	大熊座
南船座	仙后座	天鹅座	狮子座	英仙座	三角座
天坛座	摩羯座	巨爵座	长蛇座	飞马座	金牛座
天鹰座	小犬座	乌鸦座	武仙座	猎户座	巨蛇座
宝瓶座	大犬座	北冕座	双子座	蛇夫座	天蝎座
仙女座	巨蟹座	南冕座	波江座	天琴座	人马座

Mr.Know All